空间碎片与其他外太空威胁

Space Debris and Other Threats from Outer Space

[美] 约瑟夫·N·佩尔顿　著

杨开忠　译

国防工业出版社

·北京·

内 容 简 介

本书介绍了可能对人类空间活动带来不同威胁的空间碎片和各种空间自然现象，阐述了消除减轻这些威胁可以采取的技术、经济和管理方面的思路和方法，并就未来应对外太空安全威胁的问题提出了战略性的思考。

本书可供从事航天工程分析设计、系统运行管理以及空间任务操作的研究人员和技术人员参考，也可以作为大专院校相关专业高年级本科生和研究生的参考教材。

图书在版编目(CIP)数据

空间碎片与其他外太空威胁/(美)约瑟夫·N. 佩尔顿
(Joseph N. Pelton)著;杨开忠译. —北京:国防工业出版社,
2017.10
书名原文:Space Debris and Other Threats from Outer Space
ISBN 978-7-118-11334-1

Ⅰ.①空… Ⅱ.①约… ②杨… Ⅲ.①外层空间—残骸
分析—研究 Ⅳ.①V445

中国版本图书馆 CIP 数据核字(2017)第 232386 号

※

国防工业出版社出版发行
(北京市海淀区紫竹院南路 23 号 邮政编码 100048)
北京嘉恒彩色印刷有限责任公司印刷
新华书店经售

*

开本 880×1230 1/32 印张 3⅝ 字数 80 千字
2017 年 10 月第 1 版第 1 次印刷 印数 1—2000 册 定价 46.00 元

(本书如有印装错误,我社负责调换)

国防书店:(010)88540777 发行邮购:(010)88540776
发行传真:(010)88540755 发行业务:(010)88540717

前　言

随着人类开发利用外太空的活动不断增多,空间碎片与其他外太空威胁已经成为我们难以回避的现实问题,需要我们严肃对待、深入研究,并采取有效的应对措施,以确保人类空间活动的安全。《Space Debris and Other Threats from Outer Space》一书是由国际空间安全推进协会(IAASS)执行委员会成员兼学术委员会主席约瑟夫·N·佩尔顿著。

本书综合阐述了可能对人类空间活动带来不同威胁的空间碎片和各种空间自然现象,以及当前人们对这些问题理解认知的基本状况,提出了应对这些威胁所涉及的跨领域多学科的观点,并探讨了消除减轻这些威胁可以采取的技术、经济和管理方面的策略和方法。本书深入浅出,简明扼要,可以帮助人们较全面地了解人类所面临的空间威胁的基本问题,增强对保护人类空间活动和生存安全的认识。

本书在翻译和成稿过程中,得到宇航动力学国家重点实验室专家同仁的支持和帮助,韩民章、李少敏、郭荣、辛蕾、李淑兰参与了翻译校对工作,张荣之、魏峻、马鑫等提出了宝贵意见,在此表示衷心感谢。

由于译者水平有限,书中难免有纰漏和不妥之处,敬请广大读者批评指正。

译者

2016 年 10 月

目　　录

第一章 来自外太空的严峻威胁

我们思考问题的出发点……必须立足于科学探索的广袤新空间……以及浩瀚无际的外太空。

阿德莱·史蒂文森(1965年在哈佛大学的演讲)

太空威胁对我们最大的影响

你是否担心会被从天而降的空间垃圾击中？其实,这完全是杞人忧天,因为地球上生物被轨道碎片或陨石击中的概率极小。打个比方,它比患有世界上最罕见疾病的概率还要小,也比在热带景区一小时游览时被突然掉落的椰子砸中的概率要小得多。在长达半个多世纪的空间活动中,似乎只有非洲发生过一起空间碎片砸中奶牛的事件,而且那也是几十年前的事了。最近的此类报道发生在1997年,据悉一名妇女被陨落的微小碎片擦伤到肩部。

虽然太空碎片击中人类的概率微乎其微,但此书仍然值得大家仔细阅读,从而探索来自空间碎片与其他外太空的威胁。实际上,对人类来说,太空威胁已愈加严峻,人们应清醒面对并制定消除威胁的有效措施。日益增多的空间碎片,给未来空间开发利用造成许多困难,如通信、导航、遥感、气象、军事监视、核监测和空间探测等活动都有可能受到影响。当今世界,许多科学、经济与军事活动都依赖于航天器的操作与控制。据悉,穿过臭氧层的太阳辐射能导致皮肤癌,并且随着臭氧层的变化,这种担忧与日俱增。如果不加以防护,源于伽马射线的强烈宇宙辐射,将会对人类造成巨大伤害甚至基因突变,从而影响人类健康生活与正常繁衍。

1989年3月13日,曾发生一次严重的日冕物质抛射事件。通过该事件人们意识到,太阳耀斑或日冕物质抛射(CME)可能会危及宇航员的生命,或瞬间毁坏电子栅格(Electrical Grids)。尽管可能性极小,但大量有潜在威胁的近地小行星可能会摧毁地球上的许多生命,如6500万年前的K - T事件(即白垩纪—第三纪大规模物种灭绝事件),导致地球上包括恐龙在内的65%～70%的物种消亡[1]。从毁灭程度上看,该事件属于极其严重的宇宙大灾难。

今天,让我们从太空时代开始,重新审视所发生的一切。我们思考:为什么与过去相比人类对宇宙的威胁了解甚多? 为什么在发射探测器探索太空的过程中,人类又不断制造出一系列后果严重的新问题?

太空时代的开始

1957年10月4日,苏联成功发射第一颗人造卫星"斯普特尼克"1号(Sputnik 1),拉开了人类进入太空、探索宇宙的序幕。作为首颗发射至地球轨道的航天器,Sputnik 1被认为是人类科学与工程领域的一大进步[2]。然而,美苏冷战的严峻现实,给这次航天发射抹上了浓厚的军事色彩。苏联的此次太空壮举,极大地刺激了美国航天项目的飞速发展。在之后的几年中,美国与苏联都相继发射了一系列航天器与导弹[3]。

早在 1957 年,几乎无人意识到过多航天发射活动所带来的风险。然而,半个多世纪后,人类空间活动所造成的在轨空间碎片不断增加,造成非常严峻的现实问题。目前,越来越多的空间垃圾已经成为人类进入太空和利用太空的严峻威胁。人类在通信、导航、对致命风暴的跟踪以及利用卫星提供有效军事防御能力等许多方面都依赖于卫星,而太空垃圾却已成为人类时刻需要面对的威胁。

虽然人类能够有效抑制新碎片的产生,却对于已存在碎片所产生的威胁无能为力。实际上,仅仅由于现有空间垃圾的撞击,就会导致 50 年后碎片在轨道上的积聚更加严重。更何况随着新发射卫星的增多,空间碎片还会持续增加。

预见性设想容易被人忽视

大约 25 年前,以唐纳德·凯斯勒(Donald Kessler)为代表的航天科学家提出:空间碎片可能会对长期的航天计划构成严峻威胁。可是,当时人们对此一笑了之。图 2.1 非常形象地描述了过去几十年中空间碎片对我们的威胁及影响。人类从来都不缺乏"怀疑精神",但有时却会因此扼杀一些重要的新观点,在太空领域也不例外。

现代火箭之父罗伯特·戈达德(Robert Goddard)和其他革新者告诉我们:预见性设想与不切实际的幻想其实只有一线之隔。

1919 年,美国史密斯森学会(Smithsonian Institute)出版了罗伯特·戈达德撰写的一篇报告,描述了他计划发射液体燃料推进火箭的构想。在该报告中,他提出液体火箭最终抵达月球的方式。1920 年,由于罗伯特·戈达德大胆设想火箭终有一天会搭载人类冒险家抵达月球表面,而被《纽约时报》的一篇社论讽刺为"月亮人"。1926年3月16日,在他的坚持不懈下,第一枚液体燃料推进火箭终于发射成功。罗伯特·戈达德有句名言:"每一种幻想在有人率先实现它之前都被看成一个笑话。一旦实现,幻想即变为现实。"直到1969年7月17日,"阿波罗"飞船成功登陆月球后的那一天,《纽约时报》刊登一则更正声明,为其1920年发表的错误社论致歉——虽然该道歉迟到了大约49年[4]。

现在,空间碎片问题不再被当成"笑料"。21世纪,越来越多的人将有机会搭乘政府和商业航天器飞往太空。截至2012年底,约有500余人已经去过太空。随着21世纪商业航天的成熟,越来越多的"普通太空人"将在亚轨道上飞行甚至进入轨道。不幸的是,无论是政府还是私人支持的太空人,将来搭载火箭或在太空站生活时,他们都要面对空间碎片的威胁。而对于绝大多数人来说,也许永远不会冒险进入太空,但仍需面对诸多威胁,因为空间碎片随时会陨落,并可能在"不幸的"时间、"不幸的"地点,给人们带来不幸的灾难。

空间碎片问题日益严重

目前,我们面临的最大太空威胁是以超过马赫数20高速运行的空间垃圾,它们有可能撞毁重要的通信卫星或其他关键航天器。因此,我们必须认真考虑这样一个问题:太空中的空间碎片有可能撞毁航天器甚至危害到航天员的生命。当然我们也要关注坠落碎片可能给人类造成的财产损失,甚至伤亡事故,虽然这种可能性微乎其微。面对这些威胁,人们应意识到解决这些问题的紧迫性。

那么,空间碎片问题是如何产生的呢? 在过去一段时期内,人们将越来越多的航天器送入太空。然而,随着航天器的升空,各种各样的空间碎片开始在太空中积聚。太空中散布着爆炸螺栓、已爆炸的燃料箱、航天器涂层碎片、火箭上面级残骸、用于保护卫星的整流罩、报废的卫星,以及近年来卫星相撞及人们"蓄意"从地面发射导弹摧毁报废卫星所造成的空间碎片。

起初,太空中只有少量垃圾,但是几十年来,空间垃圾不断增加,尤其是在某些特定轨道上逐渐形成不断扩散的"空间垃圾堆",科学家们最终已意识到空间碎片带来的严重威胁。目前,大量的空间垃圾已经对人类长期进入太空构成了威胁。如同担心"温室气体"和"人口爆炸"会威胁地球生命的可持续发展一样,我们也担心空间碎片增多将会影响人类持续进入太空。

大量由人类产生的空间碎片环绕在地球的周围。科学家们认为:在地球轨道上运行着数以百万计的空间碎片,其中,以近地轨道的居多,但也遍布于中高轨道上,所有这些轨道上都堆满了空间垃圾。

数以百万计的碎片,如航天器涂层碎片等,其实尺寸非常微小。据估计,目前太空中直径约为 1cm 的碎片大约有 500,000 ~ 750,000 个。因此,大多数人对于空间垃圾的第一反应是:那只不过是很小的碎片,肯定不会造成严重危害。

图 1.1 展示了留在哈勃太空望远镜高增益天线上 1cm 长的撞击孔。以 17,000mile/h 或高于 28,000km/h 高速运行的航天器涂层碎片,可以导致航天飞机的窗户出现严重的裂痕,或者刺穿宇航员的宇航服。直径为 1cm 的碎片也可能造成巨大伤害,图 1.1 中哈勃望远镜高增益天线上的划痕就是空间碎片造成的。而直径为

10cm(约为4in)大小的空间垃圾则能够摧毁一颗通信卫星或遥感卫星,或者其他价值昂贵的太空资产。安装在卫星表面用于保护卫星免受空间碎片撞击的保护罩,只能保护卫星不受小于1cm的碎片撞击。

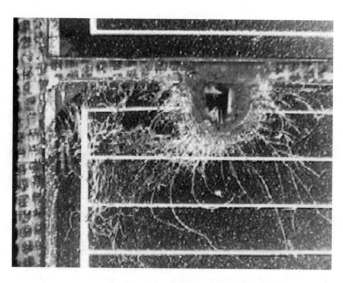

图1.1 空间碎片击穿哈勃太空望远镜帆板留下的小孔

(图片来源:NASA)

跟踪空间垃圾面临的挑战

1980年,可有效跟踪的空间碎片(在近地轨道上运转、直径大于10cm的碎片)数量不超过5,400个;2010年,较大尺寸的空间碎片数量已经增加到15,639个。目前,由陆基和天基跟踪系统组成的美国空军空间监视系统(AFSSS),可跟踪到尺寸为10cm或大于10cm的空间碎片约为22,000个。

美国目前使用的超高频雷达正处于升级阶段,升级后的新型S

波段"空间篱笆"雷达系统，雷达的分辨率将更高。早在1961年，作为导弹跟踪系统的一部分，空军空间监视系统（图1.2）开始投入运行，如今该系统已逐渐老化。美空军部门已经签署了一份合同，旨在建造新的空间碎片跟踪系统，该系统将于2017年全面投入运行。2012年3月对该新系统进行了测试，系统准确跟踪了空间碎片，充分证明"空间篱笆"雷达系统具有精确跟踪空间碎片的能力以及系统整体设计的有效性。本书第二章将详细阐述这一系统[5]。

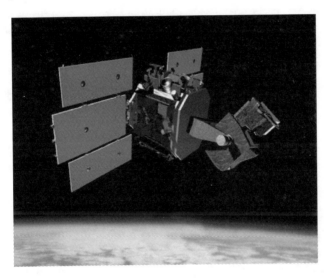

图1.2　可跟踪空间碎片的美国空军卫星

（图片来源：美国空军）

目前，美国空军空间监视系统所跟踪到的22,000个空间目标中只有大约1,000个是可以正常运行的卫星，剩余的全是报废卫星或其他形式的空间垃圾。

体积较大的碎片是跟踪的重要目标，其原因至少有以下两点：

首先,由于这些体积较大的碎片具有巨大的动能(相当于大型炸弹所释放的能量),所以能够彻底摧毁国际空间站和其他价值数亿美元的太空设施;其次,这些大体积的空间目标相撞(无论运行状态如何)极可能会产生上千块危害较大的新的空间碎片。探寻减少各种空间碎片的方法、系统地清除太空轨道中的所有垃圾势在必行,但如何阻止大体积空间目标相撞则刻不容缓。

地球轨道上空间碎片已超过6300t

过去20年所累积的各种尺寸的空间碎片,令人担忧。图1.3描述了不同种类碎片的大小以及相应的分布。所幸的是,地球轨道上近亿块碎片中的绝大多数都是类似盐粒大小的涂料渣,但因其运行速度约为28,000km/h(17,500mile/h),仍会造成很大冲击,足以穿透宇航服或者使飞船的舷窗凹陷甚至穿透。

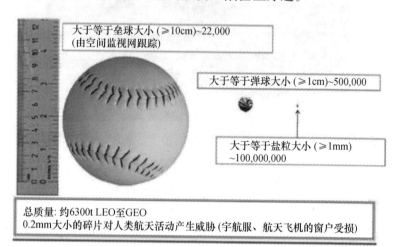

图1.3　地球轨道上6300t空间碎片分类

(图片来源:NASA)

在过去 10 年里,曾发生过大型空间目标相撞事件。人类历史上首次卫星相撞事件发生在 2009 年 2 月 10 日,当时一颗正在使用的美国移动通信卫星"铱星"33(Iridium 33)和一颗已废弃的俄罗斯气象卫星"宇宙"–2251(Cosmos 2251)发生碰撞,产生数千空间碎片;2007 年,一枚导弹摧毁了一颗废弃的卫星,也造成了大量空间碎片。每次事件都可能导致新增约 3000 个可跟踪的空间碎片,这两次事件使可跟踪碎片数量激增了约 6000 个,对国际空间站产生了新的威胁。图 1.4 为导弹击中某卫星所产生的碎片,以及这次新产生的碎片云对国际空间站轨道带来的影响,在图中表示为"白轨道"。

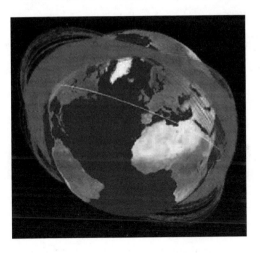

图 1.4 某卫星被导弹击毁之后产生的轨道碎片

(图片来源:NASA 空间碎片项目办公室)

空间碎片中,最令人担忧的是所谓的"凯斯勒综合症"(Kessler Syndrome),即空间垃圾相互碰撞必然造成越来越多的更小空间碎片雪崩式反应。1978 年,航天专家唐纳德·凯斯勒在一篇论文中曾警告此类问题时有发生[6]。

唐纳德·凯斯勒在论文中提出,空间碎片的一系列碰撞,一旦到达了触发点,可能会导致链式反应,使该问题不断恶化。唐纳德·凯斯勒警告或称为"凯斯勒综合症",指出一旦到达了触发点,问题就失控了。然而他对此效应的早期预见没有引起人们足够重视。

起初,英国科幻小说家亚瑟·克拉克爵士(Sir Arthur Clarke)曾对全球卫星通信以及罗伯特·戈达德关于载人探月做出早期预言时,总是受到嘲讽或忽视。现在,空间碎片已经发展成为唐纳德·凯斯勒所预见的情形,这一问题才引起广泛关注[7]。实际上,2011年9月美国国家研究委员会的一份报告给出的结论,认为该问题"要比以前所想象的还要糟糕"[8]。

目前,清除空间碎片的唯一措施是通过大气阻力或地球引力造成轨道衰减,并最终导致航天器再入。可是,只有低轨卫星上的碎片才能通过引力方法有效地清除。对于"范艾伦辐射带"以上的中轨卫星,要花几百年或几千年才能重新进入地球大气。地球同步轨道到地球的距离实际上只有地月距离的1/10,在同步轨道上的目标所受引力只有在地球表面上所受引力的1/50,所以该轨道上引力对碎片的衰减过程实质上是可以忽略不计的。地球同步轨道卫星(GEO)再入地球理论上需要花费几百万年的时间。因此,对于中高轨轨道(MEO)和GEO轨道碎片却没有有效的清除措施,除非设计出可以控制离轨的火箭。

如图1.3所示,低轨轨道(LEO)上,极地上空的空间碎片目前已累积到2700t,远远超过由引力作用造成的一年几十吨的衰减能力。图1.5表明美国跟踪系统所跟踪的LEO上面的碎片在极地上空尤为拥挤。

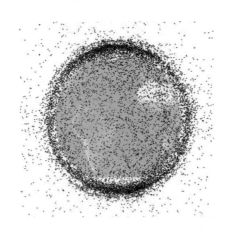

图 1.5　南美以及非洲上空近地轨道碎片

（图片来源：NASA 空间碎片项目办公室）

碎片增加的速度比陨落的速度更快

历史统计数字表明：碎片产生的速度远远超过碎片的移除速度，导致每年 LEO 轨道碎片总量净增长 5% 左右，虽然听上去似乎并不多。然而，事实上目前轨道碎片数量已非常巨大，而且根据以往的经验仍将持续增长。

由于空间碎片围绕地球旋转时在北极和南极地区上空的距离会更加接近，因此碰撞机会将大幅增加。

为了更清晰地说明该问题，图 1.4 使用 1000 万：1 的比例尺，从视觉角度显示，碰撞的风险实际上可能比看上去要低。就好像某人观看后视镜，他从镜中看到的后车距离比实际距离更为接近。同理，图 1.4 所示的空间碎片之间的实际距离是图示距离的 1000 万倍，地球的实际体积和空间碎片所占空间的实际大小是图示的 10^{21} 倍。

目前,碎片主要来源于燃料箱爆炸和近期空间目标碰撞事件所产生的碎片。期望未来能在卫星寿命终结之前,排空燃料来最大程度地降低爆炸的次数。要广泛实施这一措施可能需要几十年时间,目前每年大约发生 4 次燃料箱的爆炸事件。

近几年,几项环境研究表明:随着未来不同的发射频度,LEO 轨道某些高度的碎片总量也许会完全饱和。空间目标碰撞事故将是产生碎片的主要原因,所产生的新碎片又反过来对空间环境产生影响,造成更多的碰撞。也就是说,轨道上这种链式反应将产生越来越多的碎片。

根据 NASA 科学家 J - C Liou 和 N. L. Johnson 的研究结论,最活跃和最危险的 LEO 区域位于 900 ~ 1000km 高度之间,就算没有新的发射,这一区域也已经非常不稳定了。处在"红色区域"的碎片总量(尺寸大于或等于 10cm 的空间目标)在未来 200 年内将增长至现在的 3 倍,从而导致此区域的碰撞概率增加近 10 倍[9]。实际上,未来的碎片环境要比 J - C Liou 和 N. L. Johnson 所设想的还要糟糕,因为卫星仍旧源源不断地被发射入轨。2012 年 6 月底,作者在肯尼迪航天中心观看"德尔它"-4 重型火箭发射一颗监视卫星,包括星上用于机动的燃料,该卫星重达 30t。

J - C Liou 和 N. L. Johnson 在论文中提出,为了更有效地制约未来碎片总量的增长,需要考虑主动碎片移除方法(ADR)。本书后面的章节将讨论这些不同的移除技术和操作方案。

碎片所在的轨道越高,对其跟踪的难度就越大。地球同步轨道上可跟踪碎片的最小直径是 30cm,而近地轨道上则是 10cm。可跟踪到约有 200 颗报废卫星分布在地球同步轨道上,这些空间碎片占据或漂移在有价值的轨道位置,给可用的航天器带来很大的碰撞风险。好在我们可以依赖精密跟踪系统,对可能导致高速碰撞的事件进行精确预测,通过主动实施碰撞规避机动来最大程度地降低这些风险。卫星数据协会(SDA)在这项活动中发挥了关键作用,后面将进行讨论。

正如前文所述,碎片在轨道上存在的时间随着轨道高度的增加而改变。1000km 轨道上的空间目标能够存在几百年,1500km 轨道上的空间目标能够存在几千年,地球同步轨道或者更高的轨道上的空间目标则能够存在几百万年。

实际上,还有一些其他的空间威胁需要引起足够重视。尽管空间碎片目前已经成为一个热门话题,是为了能够持续有效地进入太空而必须解决的问题,但这只是我们所讨论的其中一个空间威胁。太空的苛刻环境让卫星、空间站甚至火箭的发射处于风险之中,这些风险包括小陨星、太阳耀斑、日冕物质抛射(CME)和宇宙辐射。事实证明,这些自然灾害可以导致可用卫星或航天器丧失能力或者完全毁坏。这些事件比空间碎片更加难于控制,采取防护罩或其他保护措施能有助于避免这些灾难。目前,这些自然威胁比空间碎片带来的风险更大。但随着时间的推移,如果不积极采用主动碎片移除(ADR)方法来减缓空间碎片,未来空间垃圾将成为人类更大的威胁。

潜在危险的小行星以及大规模灭绝

人们通常不会注意到,这些自然碎片和自然现象会对地面上的人类产生的实际威胁。太阳耀斑、日冕物质抛射(CME)、宇宙辐射、陨星、小行星以及彗星,甚至空间碎片都能给地球上的人类带来风险。本书后面章节将讨论给生活在地球上的人类带来的这些风险,而大部分的风险只会影响一小部分人。

有一种自然灾害不仅能够威胁到宇航员和航天器,而且也能威胁到地球上的生命,它就是具有潜在危险的小行星(PHA)。而这种威胁绝不会只停留在"理论上",应该引起足够重视。6500万年以前,一颗直径约10km、富含有毒物质铱的小行星,曾撞击地球。这颗小行星与地球相撞所产生的巨大云团包围着地球,几年间地球都暗无天日,结果造成恐龙以及地球上1/3的生命都从这颗行星上消失了。在未来,如果有另一个小行星或者较大的彗星击中地球,也可能会给人类和其他生命体带来类似的灾难。

阿波菲斯(Apophis)是一颗直径约为300m的小行星,即使一个比它更小的小行星,如果击中一座大型城市附近的海面,将会造成几千万人的死亡,假设它击中的是美国,则可能会毁灭整个国家。幸运的是,Apophis小行星将于2029年和2036年飞越地球,目前还在途中[10]。本书后面几章将讨论类似"致命小行星和彗星"这一非常现实的问题,以及我们将如何应对此类问题。

在讨论过空间垃圾数量不断增长这一问题之后,我们会转而讨论几种不同类型的自然威胁,这些威胁甚至会对居住在地球上的人类带来潜在的危险。在所有讨论的自然威胁中,我们将不局限于对风险的识别,而更多的是探索研究保护性方案。仅仅说明存在哪些威胁是不够的,我们必须采取措施去保护价值几十亿的太空资产免受空间碎片和自然灾害的威胁。目前,部署在战略区域上空的军事卫星将发挥更大作用,甚至可以协助防护核爆炸、电磁脉冲(EMP)和宇宙辐射。随着各种新技术在保护太空资产和提高空间态势感知能力方面的应用,这些方法也同样可以用来保护地球上的人类。

本书写作目的

本书旨在帮助人们全面了解各种空间威胁的实质,以及为了应对这些灾难所研究的新技术和新策略。

此外,世界各地的空间机构和研究中心正在负责一些项目的研究,该项目内容涉及保护人类以防止来自太空的自然威胁。相关项目包括:

● 用于监视太阳活动(例如能产生灾害性"空间天气"的太阳事件)的精密系统的运行(事件包括太阳能粒子 – SEPs、日冕物质抛射以及来自太阳及以外的宇宙辐射)。

● 广泛采用太空望远镜、传感器和地面天文台观测小行星、彗星。

● 应对潜在致命性小行星的相关研发活动。

尽管我们在相关项目研究方面已做了许多努力,但目前所做的工作是远远不够的。

本书结构和重点内容

本书首先讲述了太空威胁的本质,重点指出了解决太空威胁问题必须运用跨领域多学科的方式,在与太空威胁相关的技术、运营、经济、财务以及法律层面寻求解决问题的方法。在有些情况下,为防止失误,解决方案往往会涉及全新的技术、全新的国际法案以及经济奖惩措施。

前四章详细阐述了有关空间垃圾的各种问题。这些章节从技术、运营、制度甚至是经济方面进行论述,从而寻求一种方法,尝试缓解日益增长的矛盾和问题。本书在后面章节还阐述了外太空所面临的真正威胁主要来自一些自然现象,其中包括日冕物质抛射、太阳耀斑、宇宙辐射以及彗星和小行星等近地天体(NEOs)。重点内容概述如下:

第二章将深入论述为什么空间垃圾和凯斯勒综合症所带来的威胁越来越大。本章指出,即使发射升空的航天器不会制造新的空间垃圾,那么已经存在的空间垃圾仍会是较为严重的威胁。此外,本章还将简要说明为什么空间垃圾所引起的问题越来越多,以及空间垃圾是如何引发这一系列问题的。本章分析表明:我们不仅需要开发新的科技手段和采用新的运行方案,还需要制定新的规章制度、经济机制以及应对流程。

第三章论述了空间垃圾的特点,提出了处理不同轨道中空间垃圾的可行性解决方案。目前最严峻、最急迫的就是低轨道卫星和太阳同步极轨轨道卫星所面临的问题。对我们来说,虽然最为紧迫的是清理 LEO 轨道上的尺寸较大的空间垃圾,但不能因此忽视清理所有地球轨道上垃圾。简而言之,我们必须针对从低轨道到地球同步轨道之间不同的轨道类型,采取补救措施,提出解决方案。

第四章论述了规章制度问题。本章重点阐述了太空废弃物机构间协调委员会(IACD)以及联合国外层空间和平利用委员会(COPUOS)为此所做的努力。这些国际组织花费了较长时间来解决空间垃圾问题,为维护太空长期可持续发展做出了努力。截至目前,他们制定的《自愿性指导准则》,力图让空间垃圾达到最少,要达到该目标但仍需投入更多的努力。除了上面提到的两个国际组织,世界上还有其他组织和机构,为避免航天器发生碰撞、提升空间态势感知能力以及协调空间操作人员活动而不懈奋斗。空间数据协会和美国空军航天司令部就是它们中的典型,它们具备基本空间跟踪能力。

随着跟踪能力的提升,外太空的长期可持续发展也得到了巩固,但这仅仅是个开始。有关轨道垃圾的一系列法律、规章、责任以及空间操作方面还有许多亟待解决的问题,现有的航天国家,以及未来即将加入的航天国家将为此付诸努力。现有国际责任条款主要涉及航天器和空间垃圾,但这些责任条款并未涉及如何进行空间垃圾的清理问题。事实上,现有的国际责任公约已成为空间垃圾清理的障碍。大多数太空法律专家都曾对这一观点进行阐述。联合国外层空间和平利用委员会于2011年成立了太空长期可持续发展工作小组,主要研究如何让所有国家高效利用太空资源。工作小组的主要工作就是研究相关技术问题、操作问题以及法律问题。

第五章论述了空间垃圾的补救措施,以及如何使用现有太空技术和相关地面系统设施对空间垃圾进行清理。总的来说,当前还没有任何成熟的技术。即使这些技术和操作手段达到了一个较为成熟的水平,也无法以一个较高的成本效率完成任务。简而言之,我们在未来一段时间内还需要针对该领域进行大量研究,从而开发出高效、低成本的轨道垃圾清理方法,同时还要避免使用类似"太空武器"的行为。事实上,寻求轨道垃圾的清理方法对于我们来说也是一个巨大的挑战,我们需要采用科技手段进行清理,而且又要保证这些科技手段不会用于制造太空武器。

之后,本书把重点从空间垃圾转移到了太空自然威胁、空间天气、宇宙辐射,以及小行星或彗星撞击地球的潜在威胁。通过一系列探索,我们发现这些"自然威胁"不仅威胁到轨道中的航天器,还将威胁到地球上的人类。

这些太空自然现象会影响到航天器以及空间操作的安全。在卫星设计之初,人们就必须考虑如何在恶劣的太空环境中克服各种影响,从而达到长期运行的目的。而且,在运行轨道中对卫星进行修复和维修是一件极其困难的事情。在复杂自然威胁面前,航天器设计难度增大,需要探索如何保护这些现代电子设施,使它们免于自然威胁。虽然空间垃圾对于太空活动来说是一个长期的威胁,但我们仍需明白除此之外还有很多来自太空的自然威胁。

与空间垃圾相比,下文中所提到的种种危胁数量巨大,而且实际更具有危害性。令人略感欣慰的是,对于人类而言,该类自然威胁虽然危险级别很高,但发生的概率却极小。即使它们发生的概率很低,但如何处理这些极具威胁性的危险却是当今空间科学家所面临的最大挑战。

幸运的是,范艾伦辐射带、臭氧层、大气层,尤其是地球磁层都为我们提供了"天然屏障",保护我们免受威胁。然而,我们也面临两个新型难题,其中之一就是地球磁场已经逐渐产生裂缝,可能会导致有害的太空辐射、离子颗粒,以及有毒气体穿过保护层而带来致命的影响。人类将其视为紧要问题,并且正在通过太空探测器对其进行研究。另一个问题是,如果气候变化导致地球保护层温度达到无法承受的温度,人类应该采取怎样的措施。如果保护层温度升高。会对人类的长期生存带来新的威胁。如果全球气温上升 $2 \sim 3$℃,达到临界点,那么保护层温度将会不可逆转地上升,除非我们找到全新的科技解决方案。幸运的是,人类终将会找到关乎生存的技术解决方案。

除非是飞行在范艾伦辐射带上,来自太空自然现象所产生的威胁是非常小的,包括太阳耀斑和日冕物质抛射,它们的爆发与太阳由最低年向最高年的活动周期一致,都是 11 年。所以,大多数情况下,人类是非常安全的。但是每隔 11 年,我们的电网和电子系统都会受到一次长时间的干扰,从 1859 年的卡林顿事件中,我们就可得知这一点。1989 年日冕物质抛射所带来的威胁也不容忽视,我们必须严肃对待这些威胁[11]。在考虑这些太空威胁的同时,我们还要考虑紫外线辐射,紫外线辐射对于宇航员以及居住在高纬度极地附近的人们具有很大的威胁,高纬度极地已经出现了臭氧层漏洞。

第六章阐述了太阳耀斑和日冕物质抛射(CME)所带来的威胁,太阳和宇宙中的"空间天气"在不停地发生变化。太阳爆发也会周期性出现,这些具有威胁性的天气在太阳极高年的爆发概率比太阳最低年的爆发概率要高出 15 倍。日冕物质抛射会释放出大量超级电荷离子,日冕是一种大量聚集的超高温等离子,其温度高达 1,000,000℃。日冕物质抛射是一种周期性的太阳活动,它会释放极具破坏性的离子。这些离子和带电粒子以每小时数百万英里的速度运动,给航天器带来了巨大的威胁。因而,我们需要采取一些保护措施,保护卫星和位于轨道上的航天器免受此类冲击。这些冲击非常强烈,不仅威胁到卫星和位于轨道上的航天器,还会威胁电网、电子设备以及地面设施。简而言之,日冕物质抛射最为强烈的时候可以威胁到地球上的大多数现代基础设施,也就是说,它不仅会威胁到电网,还会威胁到管道系统、分布式计算机以及远程通信网络。由此我们可以设想,大规模的太阳爆发可能会造成世界上所有车辆和飞机的微处理器被摧毁。

第七章重点关注太阳辐射和宇宙辐射给航天器和人类带来的

潜在威胁。臭氧层漏洞不断扩大,这使得 X 射线辐射威胁到了极地地区。太阳和宇宙紫外线辐射的传播速度能够达到光速或者接近 3,000,000km/s 或 186,000km/s。太阳爆发会产生超级电荷离子、α 粒子以及 β 粒子。它们的传播速度相当于光速或高能伽马射线的 1/100,但其绝对速度依然很快。非常幸运的是,这个速度差已经给了我们足够的预警时间,使我们可利用太阳观测天文台和空间探测器及时监测到太阳耀斑和日冕物质抛射,并在灾害到达之前关闭卫星和关键设备、关停电子系统,保护这些设备免遭太阳风暴或恶劣空间天气的"巨大冲击"。如果没有预警系统,成千上万个价值数以百亿的航天器就会面临威胁,卫星通信、导航、遥感、天气预报和军事用途等功能可能会丧失。

第八章论述了小行星(PHAs)和彗星对人类所造成的潜在威胁。第九章阐述了人们为阻止灾难性事件的发生所做出的努力。这些近地天体体积较小,不能造成巨大的威胁,但一般情况下,每隔 1000～10000 万年,这些天体就有可能撞击地球并给人类带来灾难性的后果。好在这些小行星的直径等于或大于 1km,它们都位于距离地球 1.4×10^7km 的范围之内,这些具有潜在威胁的小行星 90% 能够被识别。坏消息是,还有 10% 未能探测到,其中 80% 的小行星的直径为 100～1000m。即使是这种体积较小的小行星在撞击地球时,也能产生相当于上万颗原子弹的威力。与每百万年发生一次撞击的频率相比,这类小行星的撞击频率要更高一些。事实上,它们的发生概率在 10%～20% 之间,类似于 20 世纪初的"通古斯大爆炸"事件已不大可能发生。在本书后半部分,还会涉及杜林危险指数,这个指数和黎克特震级有些相似,主要用于预测具有潜在威胁的小行星。预测小行星撞击地球的可能性,以及不同体积的小行星在撞击地球时对地球所造成的危害。

此外,还有大量具有潜在威胁的彗星有待于我们探测。从撞击地球概率来看,似乎不用担心,但仍有几颗观测到的小行星让我们担忧。

数以百万计的陨石将会给航天器带来更大威胁,它的撞击能够摧毁一个航天器。发生频率较高的流星雨能够引发较大的威胁,流星或陨石随时都有可能摧毁航天器。事实上,我们预估当今大约15%的卫星撞击都是由小型陨石造成的,而不是体积极小的空间垃圾所造成的。

第十章重点讲述了本书的要点,列举了太空威胁的不同类型,包括对于航天器的威胁,对于地球人类的威胁,以及对于大气层飞行安全的威胁。这些应对威胁的策略和科技手段被归纳为"太空威胁十大事项"。

第二章　空间碎片威胁与凯斯勒综合症

> 我们所能经历的最美好的事情是神秘，它是所有真正的艺术与科学的源泉。
>
> 阿尔伯特·爱因斯坦

空间碎片问题日益严重的原因

人们自然会问道：空间碎片问题为何日益严重？既然已经有了处理该问题的指导原则，而且每年全球发射次数一般少于100次（除去亚轨道飞行和探空火箭），我们为何还不能快速有效地处理空间碎片问题？该问题听上去不神秘，但解决起来却异常复杂。最简单的答案是：已有碎片会导致新碎片的产生。

在此，我们可以通过如下比喻来解释空间碎片问题。这个比喻不一定恰当准确，但它有助于形象理解轨道碎片清除问题。

例如，打碎几盏路灯不是难事，但是清理被打碎的路灯却相当费时费力，包括清理玻璃碎片、维修插座插线、修复损坏的设施等。安装好的路灯包括灯柱、灯泡和灯罩，一旦被打碎定会产生大量碎片，需要清除和小心处理。假设在外太空发生这一情形，大量的碎片会慢慢扩展到更广阔的区域，最终环绕整个星球。我们可以进一步设想，在半个多世纪里，如果这类破坏性事件发生上千次，却一直没有采取有效的修复措施,事情会是何种结局。很显然,清除、恢复受破坏的状态必然不是一蹴而就的事情。

另外,如果空间中两个以 25,000km/h 运行的大型物体相撞,产生的后果可不只是几个空间碎片,而很可能是 3,000 余颗可跟踪的空间目标和数以千计更小的不可跟踪目标的出现。

从能量释放来看,这种高速运行空间物体的碰撞更像原子弹爆炸,而不是一般的炸药爆炸。它不只是产生大量新的碎片,而是产生的碎片会逐渐扩展开来。图 1.4 显示了导弹击中卫星所产生 3,000 余颗空间碎片的分布情况,图中"细白线"表示国际空间站的运行轨道,显而易见,这些碎片对国际空间站造成了威胁。在大型碎片移除方法产生之前,我们当然不希望再有此类空间目标碰撞事件发生。

J-C Liou 和 N. L. Johnson 于 2006 年发表的论文研究指出:200年后,仅现有的空间碎片就将造成空间垃圾数量达到目前的 3 倍,这是因为空间碎片会不断碰撞,并产生更小尺寸的新碎片。自 J-C Liou 和 N. L. Johnson 研究分析之后的这几年时间,全球已陆续进行了 500 余次发射,许多还是"一箭多星"。因此,现在的主要问题不是新发射所产生碎片的处理问题,而是抓紧处理已有的空间碎片。否则,已有碎片定会不断产生更多的新碎片。当然,新发射所产生的碎片也是整个空间碎片处理的一部分。但在先后顺序上需要考虑轻重缓急,优先处理最紧迫问题,再处理其他问题。目前,最紧迫的问题当然是如何清除近地太阳同步极轨轨道上的大型空间碎片,因为经验表明,如果这些废弃碎片发生重大碰撞事件,一定会再次产生大数量的新碎片。

多个空间机构对空间碎片及其未来增长变化开展了大量的研究。这些研究给人的印象是,一方面我们对空间碎片问题大可放心,但另一方面空间碎片确实在困扰着我们。例如,一些研究表明,地球周围的空间环境中,大量的区域基本没有空间碎片。如图 2.1 所示,即使在相对拥挤的近地轨道,碰撞的概率也微乎其微。图 2.1 描绘的情形令人担忧,主要是因为图中所用比例尺较大,为 9000 万:1。当然,更糟糕的是,空间碎片的产生速度一直大于因地球引力而造成的碎片陨落速度。目前,轨道上的空间碎片质量已超过 6000t。

轨道上的空间碎片

新增空间碎片来源多样,主要包括燃料箱爆炸、火箭上面级和整流罩、碎片对有效卫星和失效卫星的撞击等。来自太空的微小陨石也经常陨落至太阳系最内部区域。长期关注该领域的多个研究机构的最新研究表明:航天器遭受的撞击中,12% ~ 15% 是由微小陨石造成的。

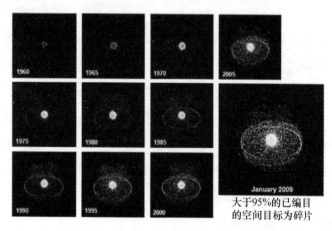

图 2.1   1960 年以来空间碎片显著增长情况

(图片来源:NASA)

如图2.1所示,25年前,由于空间碎片与其他轨道目标碰撞产生的链式反应而增加的新碎片数量相对有限。可后续情形完全不同,随着小于1毫米的微小碎片数量攀升至百万量级,如今这种链式反应已成为新增碎片的最大来源。假设在未来两个世纪中暂停所有航天发射活动,仅现有各类碎片(小至微小涂层碎片,大至大型废弃卫星和火箭上面级)就足以使200年后的碎片数量增加4~6倍。上述假设是基于2006年J-C Liou和N. L. Johnson的研究发现,以及此后新产生的碎片数量影响(包括铱星-宇宙卫星碰撞和导弹反卫星试验)。

轨道碎片在地球轨道上不是均匀分布的,有些区域带分布的较为集中,近地区域特别是太阳同步极轨轨道是最为拥挤的区域带。如图2.1所示的范艾伦辐射带以下的近地轨道区域即是如此。范艾伦辐射带以上的MEO区域和GEO区域也分布有一定数量的卫星和碎片,但数量相对较少、不算拥挤。原因是此区域碎片数量较少,而且此区域足够广阔。图2.1描述了地球周围空间碎片的积聚过程和近几年的显著变化。空间碎片问题在1980年时微乎其微,甚至到1985年时也很少受人关注。但如今,该问题已然成为重大事项,并越来越引人关注。

我们还需要注意空间轨道方面的其他重要问题,其中之一就是三种不同轨道碎片的不同处理概念。对于近地轨道目标,一种逻辑上可行的移除方法是采用火箭点火喷射,将碎片进行简单的离轨操作,并在下降过程中燃尽或溅落入大洋。对于地球同步轨道卫星,可以将其机动至更高的坟墓轨道;一旦进入在坟墓轨道,该卫星便可在超地球同步轨道上运行上百万年。

最大挑战来自MEO卫星寿命末期的处理。对LEO卫星实施离轨陨落或 GEO 卫星升轨至坟墓轨道,仅需要较少的燃料消耗。但对 MEO 卫星的处理却是一大难题,因为将该类型卫星实施离轨陨落所消耗的燃料,约为将该卫星发射入轨所需燃料的 40%。额外增加这 40% 的燃料,无疑会大大增加发射成本、增大推进燃料箱的尺寸。MEO 卫星寿命末期的其他处理方法也有,如将其机动至"坟墓"或"停泊轨道"。但太阳、地球和月球会对此类轨道产生影响,该类轨道并不稳定,因此这种方法具有一定难度,也不是最终有效的处理方式。

实际上,若细究起来,这类卫星寿命末期处理的问题和复杂性只会有增无减。一些卫星可能丧失控制能力,只能在轨道上处于失控状态。发射所产生的其他物体,如火箭上面级、发射中保护卫星免受大气损害的整流罩以及其他外部部件在轨道上也是失控的。对于这类物体,除了地球引力和大气阻力外,我们没有可行的措施对其实施离轨陨落。而且,一些卫星操作机构还声称,某些国防卫星操作机构曾要求他们不要对自己的失效卫星实施离轨处理,因为此举可能会碰撞到国防卫星机构管理的秘密卫星。

对于低轨卫星发射,所产生的目标物体最终都会离轨陨落,但对 MEO 或 GEO 轨道卫星情况却完全不同了。当然,不是所有卫星都入轨至 LEO、MEO 或 GEO 轨道。有些卫星是大椭圆轨道,如"莫尼亚"(Molniya)轨道(根据俄罗斯此类卫星的名称命名的轨道类型),"Loopus"轨道也是大椭圆轨道。还有一些其他轨道,如准天顶或数字 8 轨道(倾角 45°的地球同步轨道)、超地球同步轨道,甚至是非预定轨道。火箭点火时间太长或不足,都会造成发射失败,导致火箭进入错误的非预定轨道。

卫星或火箭发动机一旦在轨失控,就成为新的空间碎片。这些失控空间目标,甚至是可控目标,都可能遭受其他高速碎片的撞击,进而产生更多新碎片。燃料箱或太阳能帆板可能爆炸,产生新的碎片。为减少空间碎片数量,在卫星寿命末期排空燃料箱是广为推荐的处理措施,也已被广泛采用。

对关注空间碎片问题并积极支持空间垃圾清除的人员来说,轨道碎片的不均匀分布还带来了其他问题。GEO 卫星的操作人员认为,空间碎片主要是近地轨道和极轨轨道问题,与己无关。因此,他们对空间碎片问题并不担忧,MEO 卫星系统操作人员大概也持有相同的想法。

然而,空间碎片的持续积聚问题,事关所有关注发射安全的每一方;因为所有发射必然经过近地区域,才能达到更高的目标轨道。而且,所有轨道上的碎片数量都在增加,除非近期内该问题得到有效解决,否则随着时间的推移,碎片移除的长期成本和难度必将呈指数级递增。正如地球环境的可持续性正呈指数级恶化一样,其处理难度和成本也在不断攀升。在空间碎片处理方面,同样存在这类现象,若长此以往,后续则更加难以处理。

轨道优先和后续行动的紧迫性

关于处理空间碎片问题的紧迫性,LEO、MEO 和 GEO 轨道系统相关人员在不同层面上都有着非常清晰的认识。为了解决该问题,如果我们可以制定一些金融措施来募集资金的话,对于 LEO、MEO 和 GEO 甚至更远轨道的发射所涉及的融资份额应该是不一样。在讨论轨道碎片时,人们一开始往往只关注哪些国家应该为此负责。当然,如今空间垃圾的首要责任自然是为数不多的几个航天大国,如美国、中国和俄罗斯。

很显然,上述三个国家或三个国家的有关企业组织是空间碎片的主要来源,但对于后续由于空间碎片碰撞所产生的次生碎片,人们很难确定其来源。因此,与其向后追溯来源确定特定国家的不同责任,不如面向未来,提出更为一体化的全球解决方案。具备火箭和卫星发射能力的国家也不过 10 个左右,其中 3 个航天大国加上欧洲占全球火箭发射数量的 90% 左右、入轨载荷质量的 95%以上。这种趋势未来也不会有太大变化。

升级空间碎片跟踪能力

空间碎片跟踪已成为空间活动的重要内容。自 1961 年以来,美国空军一直运行着空间目标监视系统,该系统利用老旧的甚高频(VHF)雷达和在轨资源对数量不断增加的空间碎片进行持续跟踪。随着碎片目标数量的指数级增长,该系统已逐渐满足不了现在的跟踪需求。在设计之初,该系统主要用于探测针对美国的导弹攻击,但在后续任务中更多地用于保护美国核心的在轨资产。例如,预报较大碎片与国际空间站(ISS)可能存在的碰撞事件,预报国际空间站抬升轨道的时机和高度,以便消除碰撞危险。

美国空军已与洛克希德·马丁公司签订了现有雷达系统的升级合同,升级后的"空间篱笆"将具备更高的跟踪精度。新系统的第一阶段跟踪能力测试已于 2012 年 2 月和 3 月完成,成功验证了对空间碎片的跟踪能力。基于上述测试,美国空军已经批准了设计和建造计划。洛克希德·马丁公司"空间篱笆"项目副总经理史蒂夫·布鲁斯曾在测试后的声明中表示:"与空军现有系统相比,最终的系统设计将是一项可扩展的固态 S 波段雷达系统,具备更高的频率,可探测目标尺寸更小"[12]。新的"空间篱笆"将具备跟踪 1cm 或 0.4in 低轨目标的能力,空间碎片跟踪能力将达到 500,000颗左右[13]。

目前,新型 Mark Ⅱ"空间篱笆"轨道跟踪系统的控制中心已经投入运行,如图 2.2 所示。整个系统造价价值几十亿美元,要完成全部安装和系统运行可能还需要几年时间。

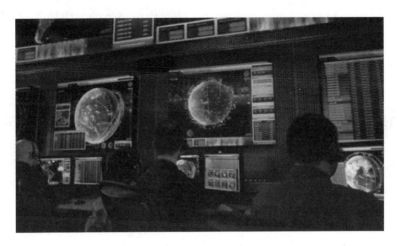

图 2.2　Mark Ⅱ S 波段雷达"空间篱笆"操作中心

(图片来源:洛克希德·马丁公司)

外空交通管制

随着空间发射能力的提高和各类商业空间活动的增多,空间发射环境变得愈加复杂。伴随着商业空间飞行利益的不断增长,空间交通管理的理念随之产生。目前,商业空间飞行包括太空旅游、商业货运飞船和载人飞行、商业空间站和可能的高超声速运输系统。商业空间活动日趋多样性,与航空、航天和空间运输系统的融合趋势增多。因此,地面、空中、平流层以及外太空活动中的公共安全,必须通过外空交通管制,才能得以系统地解决实现。这里的相关性体现在,如果我们赋予某一国际机构(如国际民用航空组织 ICAO)相应职责,那么该机构应该能够监管复杂的航空/航天/外太空环境,并进而管理空间碎片控制过程。

被赋予新角色的外空交通管治国际机制应该为空间及平流层任务及活动设立安全和操作标准。该机构应当协调制定该领域的国际标准,包括航天发射场、高超声速运输系统、与太空旅游相关的商业亚轨道飞行等标准,以及立方体卫星/纳卫星/微小卫星的最大轨道高度标准、卫星和上面级火箭的离轨陨落流程等。然而,可能需要各方历经多年才能最终达成协议成立新的监管机构,但在此之前,各方可先拟定国际空间活动行为准则,倡导更好的实践活动、安全标准和碎片减缓标准。

下步措施

后续章节将探讨减缓轨道碎片增长可能采取的行动措施,以及移除碎片可能利用的技术方法。这些减缓措施可能涉及法律、技术、操作或经济层面,用于阻止新碎片的产生或移除在轨碎片。

第三章　空间碎片问题的解决途径

在产品或系统设计中,对其威胁不加识别和评估,是一种有违道德要求的行为。

匿名空间安全工程师

解决空间碎片的机构安排

空间碎片问题对人类探索太空造成极大挑战。传统火箭发射易于且经常产生碎片问题,在对卫星、火箭上面级实施离轨操作时也会发生很多差错。当前已有的碎片移除技术往往代价昂贵、实施难度大,并存在"责任公约"中的法律责任问题。在轨碎片碰撞发生连锁反应,会进一步产生新的碎片(这种连锁碰撞已经导致近地轨道上增加了几百万颗碎片)。大型碎片碰撞(甚至包括有效卫星)同样产生很大数量的新碎片。对有效卫星加装防护措施可抵挡碎片或微小陨石的破坏,但也仅能够防护1cm或更小的碎片目标。总而言之,面对日益严重的空间碎片问题,目前没有灵丹妙药或魔法棒。

然而,人们正在从机构和监管措施方面开展积极的探索研究。目前航天大国仅有10个左右,且大多数碎片与美国、俄罗斯和中国直接相关。因此人们自然会想到,该领域理应取得更多积极进展,

而不应该是目前的情形。当然,空间碎片问题可以通过多种途径得以积极解决,例如:

● 发射前的严格审查或尽职调查。

● 改进操作规程,包括航天器可控离轨、离轨前有毒气体排放、避免将核动力系统用于终将离轨陨落的卫星等。

● 开发新技术,用于空间碎片移除,或主动改变大型碎片轨迹以规避碰撞,或提供更多防护措施等。

● 拟定新的法律程序或协议,解决空间碎片等事宜(不断发射的新入轨空间目标实际上延迟了碎片主动移除工作的开展,因此,应从国家责任层面出发,解决这一棘手问题)。

● 建立新的程序或机制,如成立碎片移除基金,或成立新的机构机制解决空间碎片移除问题。

仅仅上述措施还不足以解决问题。目前仍然缺乏有效的惩罚措施,用以遏制新的空间碎片的不断产生。仅有的惩罚措施也只是一条原则上的责任条款,即若一国的空间目标损坏了其他国家的空间目标,即认为该国存在过错,须承担另一国的责任声索。也就是说,问题的症结之一在于缺乏真正有效的激励机制或惩罚措施,能够鼓励或监督相关国家停止产生新的碎片或移除在轨碎片,而不只是为了获得好的公共形象、不被贴上"坏孩子"的标签。

大多数空间碎片方面的论文倾向于关注轨道动力学、空间碎片清除技术或相关监管问题。技术方面的论文一般关注如下方面:①问题的严重性及空间态势感知;②影响碎片增加速度的因素;③碎片移除和补救技术措施。监管方面的论文则倾向于关注如下方面:①阻止新碎片产生的尽职调查及其方式;②轨道碎片及其减缓方面,政府或政府间组织需要采取的行动;③责任问题和法律责任;④成立相关机构或机制,开展空间态势感知、控制碎片或移除碎片。

空间碎片移除全球基金

如何使用经济手段解决碎片问题? 如何设立金融激励机制纠正所存在的问题? 这类内容在许多讨论研究中都没有涉及。本节将重点关注为解决碎片减缓问题,须达成的全国性、地区性以至全球性协议,成立经济基金的价值所在,当然还包括相关激励措施或惩罚措施。成立这类基金的目的是:①创建返款机制,对"零碎片清洁"发射活动实施补偿;②对卫星寿命末期清洁处置活动实施进一步的返款补偿。这一机制为空间碎片清除提供了明确的激励措施,改变了目前在碎片和卫星离轨或"坟墓轨道"机动中存在的激励缺失和责任问题。通过创建该基金(或者将多个基金整合成全球基金),可以为最佳技术研发提供激励支持,而防止采用单一的措施,有利于碎片清除活动。可为该基金设立期限为 20 年的"落日条款",明确碎片清除任务完成期限。一旦任务成功,即可终止基金,无需解散相关国际组织。

该基金(或全国、地区基金的整合)可以循序渐进的方式设立,如先成立全国性基金,或者欧洲可成立地区性基金,最终适时成立全球性基金。基金可由航天机构设立,专门用于空间碎片处理问题。通过成立专门基金这种方式,可以更为积极地面向未来,通过经济措施解决已有问题,避免了后向追溯措施中存在的金融机制缺失、相关国家被动参与的不利局面。

空间碎片基金可在发射前筹集,数额可占整个空间任务费用的 3% ~5%。这样一来,近地轨道/极轨任务需要缴纳 5% 的份额,

MEO 和 GEO 任务以及深空任务可缴纳较少份额。基金征集期限可定为 20 年,并明确"落日条款",限定在此期限内成功完成轨道碎片减缓任务。还需要相关的积极协议以便延长基金期限,否则基金自动终结。

成立该基金(或基金网络)需要通过专门的评估,在发射前将相关数额转入指定银行账户(或航天保险公司)。该基金适用于所有向地球轨道部署航天器的机构组织;如果是全国性或地区性基金,则适用于所有从该国或该地区发射的空间活动。向地球轨道以远发射卫星的组织也需要缴纳费用,但份额较低。每次发射活动后,如果通过独立核实,确认此次发射为"零碎片"清洁发射,则将缴纳的部分费用返还给发射机构。如果在卫星寿命末期成功完成离轨陨落和坟墓轨道机动,则再次返还部分费用。在基金设立时就应当明确"清洁发射"和"成功处置"返款数额的比例。总体来说,可将基金缴纳数额的一半留作空间碎片专用,向完成"官方指定"碎片移除任务或失效卫星"坟墓轨道"机动任务的机构实体实施补偿。

全国性、地区性以至全球性空间碎片基金的首要目的,是对空间碎片处置机构实施经济补偿,这类机构在适当的监管框架内获得了碎片移除许可,或者开发和操作碰撞规避系统。开展轨道碎片移除或碰撞规避活动的许可程序可以正式地分配给联合国外层空间事务办公室,或者通过适时订立新的国际空间条约明确下来。

其他机构也可以通过联合国外层空间办公室的许可,开展空间碎片预防、补救或碰撞规避活动。这类活动不同于主动的空间碎片移除,所获得基金补偿数额不应超过某一限定百分比。

对于卫星操作机构和政府空间机构来说,缴纳基金费用看上去类似于购买卫星发射保险。实际上募集的基金可以交由发射保险公司管理,基金与发射保险还是有明显差别的,一是基金缴纳数额仅占发射保险费用的三分之一,二是缴纳数额的一半最终将返还给用户。而且,设立基金时将会明确基金终止日期和实现"大致零碎片空间"的目标,设立基金和明确返款机制将扭转轨道碎片增长应对活动中激励机制缺乏的尴尬局面。根据目前的空间法律,空间目标所有者和操作机构缺乏主动清除空间目标的激励措施,并可能面临巨额经济惩罚,特别是如果他们在实施碎片清除过程中影响到了其他机构的空间目标,他们必须承担赔偿责任。

与空间碎片终将造成的危害相比,该基金的筹集数额比例相对适中合理。尤其是若碎片积聚到凯斯勒综合症阶段,大量碎片将发生连锁碰撞,导致碎片数量呈指数级增长,进而导致局面失控,因此基金数额算是物有所值。过去 30 年来,发射保险占整个发射任务费用的百分比约为 6%～20%,近年来一直维持在 15% 左右。鉴于可持续性空间和空间进入的重要性以及发射保险费用的比例比较,5% 的碎片基金占比应该不算太高、相对合理可行。而且,待火箭上面级和整流罩离轨陨落,实现"零碎片"发射,并在卫星寿命末期妥善处置后,基金缴纳数额的一半还将返款给用户。

比起成立单独的国际机构来,这种金融基金机制更具灵活性。如果成立专门的国际组织,负责空间碎片补救,该组织很可能倾向于采纳单一碎片清除技术。而在基金机制中,可以向不同国家的国际实体机构颁布碎片处理许可。每个国家、地区也可先行创立碎片基金,资助从事碎片清理新技术研发的机构组织。

总而言之,基金机制具备更好的"经济和政治效率",可以向多个商业机构颁发碎片清理许可,促进创新技术的开发利用。该机制具有如下几项激励措施和优势:①对清洁发射实施补偿奖励,鼓励对火箭上面级和整流罩进行离轨处理;②对寿命末期开展碎片处理的机构实施补偿奖励;③设立"落日条款",明确基金截止日期和任务完成目标;④通过基金措施(或其他奖励措施)可促进低成本最优技术的竞争性研发;⑤碎片清理目标达成后,无需解散相关国际组织。

空间的经济、社会和战略价值

空间应用发展日趋多样,已成为全球社会的重要领域。多年来,空间应用范围不断拓展,细分市场不断发展,各类空间机构逐渐形成。这些机构包括政府空间组织、国防空间组织、商业发射机构、商业卫星机构,甚至还由商业和非营利性组织运营的公共服务空间机构。

各类政府、国防和商业空间市场巨大,相关空间应用已经形成了年支出和收入总额达3,000亿美元的市场,其中商业和军用/战略/政府项目各占一半,平分秋色。空间活动的真正影响不只体现在其市场总量上,更为重要的是体现在其对社会生活的全面影响。如今,空间相关活动涉及国家安全、核弹攻击预警、交通导航(包括飞机起降)、语音数据和广播电视、气象预报,以及飓风、台风等灾害性天气的预报应对等领域。

遥感监视卫星已广泛应用于自然资源勘测、渔业管理、石油泄漏监测和气候变化分析。与通信卫星、导航卫星和其他应用卫星一样,遥感监视卫星提供了多样化的公共服务和商业功能。设想一下,如果我们忽然之间失去了所有的军民用通信卫星系统、遥感卫星、气象和导航系统,整个现代化的"西方世界"和其他国家必将陷入瘫痪状态,就像人类面临全球电力瘫痪一样可怕。

如果我们能够认识到在后续几个世纪中,可持续进入空间的极端重要性,那么,设立全球基金、主动应对碎片清除挑战的建议自然是比较恰当的。在组建卫星网络、实施发射入轨任务中,既然商业机构能够毫不吝啬,拿出15%的任务费用购买发射保险,相信10个航天发射大国也能够拿出相对更少的费用,达成"空间碎片清除减缓基金"共识。

而且,基金的返款机制具有进一步的积极意义,可对"清洁发射"实施返款补偿,并在卫星离轨后再次获得返款。对尽力降低碎片形成的空间活动实施部分补偿,也体现了基金的公平公正原则。对负责任行为进行奖励,实际上也是对不负责任行为的惩罚。通过资助未来碎片减缓项目,有助于实现"零碎片"发射目标,并鼓励后续空间碎片清除行动。基金本身也是一种灵活性的体现,它可资助不同的碎片清除技术,并且在空间环境改善后可以立即终止基金运行[14]。

空间碎片清除方面新的国际协议

人们还提出了其他新思路,来应对空间碎片日益严峻挑战。其中,国际空间安全推进协会(IAASS)曾在其研究报告中提出可信碎片清除机制,即通过政府间协议,成立某一政府间组织,建立空间碎片一体化开发、操作和监管框架。国际通信卫星机构在创立时就是这样的组织。IAASS设想成立的组织名称为国际卫星移除维护和服务组织(INREMSAT)。

根据该设想,各国政府应与INREMSAT签订相关法律文书(如条约或国际协定),向INREMSAT购买大型空间碎片(包括失效卫星、火箭上面级整流罩等)离轨清除服务。并且,10 个航天大国必须修改本国的空间许可政策,不论由国内还是国外发射,都须将"可信清除"条款加入卫星发射和操作要求中去。该条款不但适用于卫星,还适用于火箭上面级和整流罩。

"可信清除"条款进一步要求卫星操作机构必须证明其管理的卫星网络具备寿命末期自主可控再入大气层或机动至"坟墓轨道"的能力(和相应的实施方案),并经过第三方独立审查验证。根据建议设想,各国家政府、军用系统或商业组织应当与 INREMSAT 或类似商业服务机构签订服务合同。而后者也须为其提供的碎片清除服务购买保险,这样一旦服务失败,相关损失可由保险公司承担[15]。

不管是成立全球碎片基金还是根据国际协议或条约设立 IN-REMSAT,当前我们必须采取措施,达成新的国际协议或机制,积极应对日益严峻的空间碎片恶化问题。第二章中,图 2.1 清晰地描绘了空间碎片态势。

第四章　谁来解决轨道碎片问题？

> 新一代的领导者应对新问题和新机遇的时候已经来临，人类将赢得一个新的世界。
>
> 约翰·肯尼迪（1960 年 7 月 4 日）

重要的国际组织

解决轨道碎片问题的两个最重要的国际协调机构是机构间空间碎片协调委员会（IADC）和联合国外层空间和平利用委员会（COPUOS）。IADC 包括世界上大部分具备航天发射能力的空间机构，而 COPUOS 目前包括约 70 个国家，讨论空间碎片减缓等与空间相关的广泛议题。

机构间空间碎片协调委员会

IADC 是协调全球有关人造及天然碎片问题的国际政府论坛，旨在寻求减缓和最大程度降低其对太空的不利影响。

IADC 的宗旨：①促进各成员国空间机构有关空间碎片研究活动的信息交流；②加强空间碎片研究的合作；③审查合作活动的进展情况；④寻找空间碎片的减缓方案。

IADC 成员如下：

- ASI(意大利航天局)

- CNES(法国国家空间研究中心)

- CNSA(中国航天局)

- CSA(加拿大航天局)

- DLR(德国航空航天研究中心)

- ESA(欧洲空间局)

- ISRO(印度空间研究组织)

- JAXA(日本宇宙航空开发机构)

- NASA(美国国家航空航天局)

- NSAU(乌克兰航天局)

- ROSCOSMOS(俄罗斯联邦航天局)

- UK Space(英国航天局)

IADC 包括 1 个筹划组和 4 个工作组。工作组分别为:①监测组;②环境和数据库组;③防护组;④减缓组。

这些不同机构组织组成了 IADC,由其负责进行广泛的国际协调,旨在为未来有意减少空间碎片形成的国家制定行动指南[16]。

2007 年 7 月,IADC 采用了一系列空间碎片通用标准,重点放在以下 4 个重要领域。这些标准涉及:

- 限制正常运行/操作期间释放的碎片

- 最大限度地降低在轨解体的可能

- 任务后期处置

- 防止在轨碰撞

这些指南也用于提供一个国际普遍接受的空间碎片的定义,即"空间碎片是指在地球轨道上或再入大气层中已经失效的一切人造物体,包括它们的碎块或部件[17]"。给出这种清晰而全面的定义十分重要,因为联合国所批准的条约、国际协定或公约所提及的都是"空间目标"。

联合国公约和外层空间和平利用委员会

现行的联合国公约,特别是在目前很关键的责任公约中,对于航天器或运载火箭有功能和无功能之间没有进行区分。如果不进行这种区分,在对空间碎片命名及识别的过程中缺少国际协定,将减少各国清除自己在轨道上遗留的空间垃圾的意愿[17]。

IADC 与联合国 COPUOS 机构一起合作,近 20 年来一直在寻求减少空间碎片的措施。在与 IADC 进行了 18 年磋商的基础上,COPUOS 同意采用一系列为共享太空的国家制定的、具有自愿性质的详细指南。尽管 COPUOS 的努力也卓有成效,但问题仍然存在(图 4.1)。

图 4.1　联合国设在维也纳的 COPUOS 国际会议中心
(联合国外层空间事务办公室的外景)

空间数据协会

与此同时,航天商业及工业机构也在积极寻求最大程度降低卫星碰撞可能性的方法。正是基于这个动机,在国际卫星组织(Intelsat General)、卢森堡 SES 和海事卫星组织的力促之下成立了空间数据协会。虽然这个想法始于在地球同步轨道上具有资产的卫星通信领域的主要成员,但是还在不断扩张,不仅延伸至多种轨道上的卫星通信运管机构,而且还有气象和遥感系统运管机构。各运管系统计算机间信息的实时更新,使得那些在轨道上拥有重要资产的组织能够获悉可能存在的在轨卫星碰撞风险。分析图形公司(AGI)提供实时数据交换,马恩岛的 Mansat 公司提供企业管理[18]。

目前该非盈利协会的会员有:

- Spacecom Amos 卫星公司
- 阿拉伯卫星通信组织 Arabsat
- 英国 Avanti 公司
- 美国回声星通信公司 Echostar
- 欧洲通信公司 Eutelsat
- 美国地球之眼公司 Geo Eye
- 美国通信公司 GE Satellite
- 国际海事卫星组织 Inmarsat(执行成员)
- 国际通信卫星公司 Intelsat(执行成员)
- 美国国家海洋和大气管理局 NOAA
- 以色列帕拉代姆公司 Paradigm(英国天网系统的主承包商)
- 欧洲卫星运营商公司 SES Astra(执行成员)

- 美国劳拉空间系统公司 Space system/Loral
- 巴西通信卫星运营商 Star One（Embratel 公司）
- 美国卫星通信公司 Telesat

成员数量还在持续增长，届时将包括全世界绝大多数的应用卫星运管机构[18]。

前进之路

IADC、COPUOS、SDA 在空间碎片跟踪精度方面不断提高，以及在微小目标跟踪能力方面的不断拓展，并取得了长足的进步。为最大程度地减少空间碎片，大多数共享太空的国家均自愿遵守该指南。当然，该指南还需要进一步完善，如设立国家、地区或全球性的空间碎片移除基金、创建一个新的国际机构来管理碎片最少化的各种事务、实施碎片移除以及修订联合国空间责任公约。从单个国家自身意愿讲，可能会从空间移除大尺寸的碎片。前提是该国在空间上有新的态势安排，否则连上述行动也不可能发生。因此，我们只能寄希望于 COPUOS 空间长期可持续性工作组可以提供一些前进的动力，但预计这一动机最终会带来什么结果为时尚早。

第五章　碎片移除与减缓技术

为了物种生存,人类向太空扩张是非常重要的。

斯蒂芬·霍金

在研空间垃圾移除技术

为确保空间轨道可持续性利用,专家们逐渐形成共识,需要主动清除空间碎片。如果不采取主动措施,将对卫星通信、空间导航、遥感、气象服务、科学实验、在轨航天员等产生威胁。"根治"空间碎片(如离轨)有多种技术手段,但是没有一种技术被证实在技术上或经济上是可行的,而且其中许多技术还可能被当做是"太空武器"。

下面将从技术方法、可行性、技术成熟度、政策以及规章问题等几个方面简要叙述目前最为熟知的以及还正在研究的几项技术。

电动力碎片移除技术

技术

该技术吸引人之处是利用了地球磁场产生的推力,因而具有费效比低、作用时间长的优点。这是一种大型的机械装置,尺寸一般是几千米。它通过一种重量非常轻但很结实的带状组件,将碎片连在一起。这种方法仍然需要大量资金投入,是一种综合的碎片移除方法。该方法的构想如图5.1所示[19]。

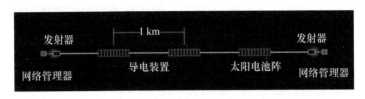

图 5.1 电动力碎片移除系统(EDDE)概念图

成熟度及可行性

这种方法的物理概念和原理都非常清晰,但是在一个全比例大小的系统发射之前,还需要进行比例模型的演示验证。这是一个比较成熟的想法,已由美国政府提供资金进行商业化发展。该方法只适用于处理 LEO 轨道目标而不适用于更高的轨道,因为更高轨道上的地球磁场强度不够高。

政策和法律问题

对于碎片移除技术,从全面系统的角度来看,会存在许多政策问题。因为可能需要一个新的协议或约定,让一个商业机构将其他国家发射的空间目标从轨道上移除。该系统应在国际合作的基础上进行设计和运营,这样就不会被视为一种空间武器。

电动力系绳离轨系统

技术

与以前的技术相比,该技术应用范围更小。在该技术中,自动机械设备将系绳与废弃卫星或碎片相连。系绳切割地球磁场的运动可为离子电推进系统提供潜在的动力,帮助废弃卫星或碎片离轨,同时,因系绳的不对称产生的摆动也能帮助其离轨。

成熟度及可行性

该方法很快就可以进行测试,而且一个自动机械系统可以在碎片目标上连接多个系绳,通过或不通过离子发动机来帮助离轨。

政策和法律问题

该技术的政策和法律问题将与 EDDE 装置的问题相同。由于该装置的应用范围更小,因此对该方法的关注更少。

地基大功率激光

技术

该方法类似于碰撞规避技术,但采用的是高能激光系统[20],能够为碎片提供千兆瓦级的脉冲激光。微小碎片在脉冲激光的作用下被很快推至一个新的轨道,并在重力的作用下使得轨道逐渐衰减。然而对于较大的废弃卫星,还需要一系列持续的脉冲激光,才能将一个较大质量的卫星推向一个新的轨道完成离轨。

成熟度及可行性

千兆瓦级的地基激光系统功率如此之高,目前还处于实验室研发的阶段,尚未进行操作测试。这种高能激光很明显可以用作太空武器。目标系统和实际的激光脉冲装置还需要进行演示验证以证明这种系统是可用的。虽然该方法成本高昂,也没有进行演示验证,但是以军事上的研究作支撑,未来几年之后可得到应用。

政策和法律问题

许多国家都强烈反对将这种地基激光作为一种反卫星武器,认为这有悖于外层空间条约第四条。这些国家认为空间的非军事化以及空间碎片减缓和补救需要新的国际公约,因而需要创立一个国际上认可的机构来解决空间碎片和空间交通管理问题。

太阳帆

技术

这种太阳帆阵可以设计成与大型碎片目标自动连接,随着时间推移,促使废弃卫星主动离轨[20]。该技术只对 LEO 轨道上的碎片起作用,而对 MEO 和 GEO 轨道上的碎片没有多少帮助。

成熟度及可行性

该方法演示验证尚在研究之中,因此操作实施还需要至少 5 年才能实现。由于存在太阳帆、相关推进器和自动机械设备的制造成本以及发射成本,因而该方法成本昂贵。每个大尺寸的碎片离轨都可能需要一个太阳帆。

政策和法律问题

该方法不会引发对特定太空武器的担忧,但国际社会仍希望通过一个全球认可的组织而非某个特定国家(甚至民用空间机构)来部署太阳帆执行这些操作。

系留飞网

技术

该系统可以在微小空间碎片周围部署"网"并加快其离轨(该系统被称作"围捕空间垃圾——近地轨道补救"的"活跃分子")[20]。从原理上讲,该方法技术含量相对较低,但该方法仍然是一个规划中的概念而不是一个可操作的项目。

成熟度及可行性

在开发出一个操作上可行的系统之前还需要更多的研发工

作,但部署系留装置后可能会降低发射成本。

政策和法律问题

该方法可能不会引发对特定太空武器的担忧,但是国际社会仍可能希望通过一个全球认可的组织而不是某个特定国家(甚至民用空间机构)来部署这些设备执行这些操作。

太空喷雾

技术

在 LEO 轨道上部署能够喷射气雾的卫星,冷冻气雾将会降低微小轨道碎片的数量[20]。

成熟度及可行性

该构想非常详细,但最重要的是缺少可操作性测试,以验证喷雾是否能消散入太空中,是否能达到期望的效果。该技术非常节省成本。

政策和法律问题

该方法不会引起对特定太空武器的担忧,但国际社会还是希望通过一个全球认可的组织而不是一个特定的国家(甚至民用航天机构)来部署能够喷射气雾的航天器并执行这些操作。

机器人系统

技术

机器人会紧紧抓住空间碎片并将其扔入一个迅速衰减的轨道。这个设想类似于太阳帆技术[20]。该设想的另一版本是得克萨斯 A&M 大学开发的项目,称作"投掷星"(Slingsat)。该技术不仅能够设法将碎片投入离轨路径,而且还能依靠动力机动到下一个碎片附近。

成熟度及可行性

从非常昂贵的产品到较低端产品 Slingsat,这些系统多种多样。所有系统都需要进行操作测试,显然机器人的机动性能在技术上是必要的。一种方法将机器人自己与废弃航天器一起销毁,而另一种方法会有一系列可分离的组件飞入离轨路径。2010 年 11 月,俄罗斯火箭和太空能源公司宣布了一项雄心勃勃的计划,即建立一个由机器人控制的大型核动力"太空拖船",将会"触碰"废弃卫星脱离轨道,运行寿命将达 15 年。作为一种移开威胁地球的陨石或小行星的一种途径,该项技术已在探索之中[21]。

政策和法律问题

所有这类系统,从俄罗斯核动力"拖船"到 Slingsat 系统,都可能会被认为是一种反卫星武器,会引发这种系统如何运作以及谁能控制等问题。所有提出的系统都会引起关注,因此,国际上对这类系统操作控制的统一程度可降低将其作为太空武器的可能性。

黏合剂

技术

该技术将由树脂或气凝胶等物体组成的非常黏稠的黏合球"发射至"尺寸大的空间碎片上,改变其轨道并随着时间推移使轨道衰减[21]。

成熟度及可行性

该系统相比其他许多方法耗费的成本更少,但需要实际的在轨测试。

政策和法律问题

该方法可能不会引发对特定太空武器的担忧,但是国际社会仍希望通过一个全球认可的组织而非某个特定国家(甚至民用空间机构)部署可喷射气凝胶的航天器来执行这些操作。

离子束驱离构想

技术

该构想将精确聚焦的超速离子束作用于空间碎片,然后将空间碎片"驱赶"至离轨轨道[22]。

成熟度及可行性

该技术在很大程度上仍是一个理论层面的概念,JAXA(日本宇宙航空开发机构)、ESA(欧洲空间局)及高校研究人员将其看作解决空间碎片问题的一种可能方案。该技术距离在轨测试尚需3~5年。

政策和法律问题

除了强烈要求让国际组织对这些系统进行控制及操作,该方法几乎不会引起其他重大的政策问题。所有提出的系统都会得到关注,因此,国际上对这类系统操作控制的统一程度可降低将其作为太空武器的可能性。

解决空间碎片问题的途径

规章途径

毫无疑问,所有提出的不同方法都包含规章制度。COPUOS 已制定了空间碎片控制及最小化的自愿性指南。这些指南都是与 IADC 合作制定的,该组织提供了专家级的技术支持。SDA 也协助提出了与空间碎片控制相关的准规章形式的建议。尽管如此,仍然需要更有效及更严格的碎片控制指南。当然,空间碎片清除在技术上和经济上所面临的挑战不可能仅仅通过规章制度来解决。

技术方法审查

　　目前关于如何移除空间碎片提出了多种多样的构想。结果表明至少在这个阶段仍然没有明确的"已获胜的想法",如构想应该如何实现,以及所提供的候选方案目前都均未经验证,而且花费不菲。这些移除空间碎片的构想引发了各种各样的问题。目前,已经有几个准备移除最大废弃空间目标的演示验证计划,并且获得巨大的关注。毋庸置疑,最大废弃空间目标的移除也要高度重视,因为,如果这些目标被任何尺寸的轨道碎片击中将会产生上千个新的空间碎片。除了从 LEO 轨道移除碎片之外,类似 Galaxy15 号卫星(图 5.2)这种尺寸较大的废弃空间目标,将可能考虑作为从 GEO 轨道移除的主要目标。在这种情况下,小推力离子发动机可以完成将 Galaxy 卫星拖入"坟墓轨道"这种任务。

图 5.2　Galaxy 15 号卫星目前是在轨空间碎片的主要目标
(图片来源:波音图片公司)

　　创建一个单独的国际组织机构实施这种任务将会产生一系列的问题。这些问题包括:①选择技术路线错误的可能性较大;②成本很高;③国际机构不一定是最好的创新机构,不可能产生较高费效比的解决方案,即使任务完成也基本可能无法存在下去。目前,开展空间态势感知以及空间碎片移除工作最能"胜任"的航天机构大部分可能是军事机构,这又会引起太空武器以及所开发的空间碎片轨道清除系统军事化应用等问题。

方案 B:激光碰撞规避系统

在此阶段,很多人怀疑以上任何一种技术能发展成熟并很快能以合理的花费演示验证其运行能力。这就是为什么还有很多人会关注到 B 方案,即使用低能量(非武器级)激光系统可能给与另一轨道目标相撞的碎片提供必要的脉冲,作用足够长的时间可变换其轨道以避免碰撞。因为速度很快,只需要稍稍减速就足以降低轨道以避免发生碰撞(图 5.3)。

这一过程不需要进行轨道发射,因此比任何主动移除方法花费都少得多。回顾这一过程,可以得出以下结论。

技术方法:该方法需要将激光束聚集并瞄准于具有碰撞风险的卫星或大块的轨道碎片上,以便通过降低目标的飞行高度来改变其轨道。因为在轨目标围绕地球运行的速度很高,因此只需稍微改变速度增量就可以避免临近的碰撞,尤其是该次碰撞能提前得到预报。这当然不是一种解决方案,而是一种实用的减缓技术,将会延缓新碎片的形成,并避免剧烈碰撞产生成千上万新的碎片。

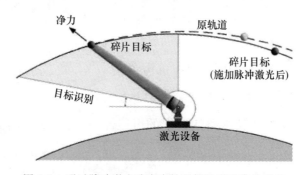

图 5.3　通过脉冲激光改变在轨目标轨道以避免碰撞

成熟度及可行性:该方法是发展较为成熟的技术构想之一,而且成本最低,因为该技术不需要发射和部署空间资产,因而无需解决产生新空间碎片的问题。

政策和法律问题:该技术使用光子改变卫星或碎片的轨道,这种中等强度的激光将仍可能被视为一种武器。建议由发射受影响空间目标的国家来对激光进行操作控制,这样发射航天器或碎片的该国官员将负责整个移除过程。

第六章　来自空间天气的威胁

在宇宙时空中,世界、种族和灵魂之间,既相互束缚又相互受益——一定在某个方面。

沃尔特·惠特曼《去某个地方》

与太阳风暴的较量

太阳高能粒子(SEPs)和日冕物质抛射(CMEs)不仅对在轨卫星以及地球上的基础设施构成巨大威胁,而且极有可能对现代电力网络、计算机程序、无线通信网络(甚至管线)等各种类型电子设施造成重大破坏,因为这些电子设施都具有导电性。如今随着电子装置和电气系统在人们生活中的广泛应用,随之而来的风险逐年飞速增长。无论是数量庞大的太阳耀斑,还是形态密集的太阳风,都可能对汽车、电器、计算机和无线通信网络等产业有着毁灭性的影响,潜在问题非常严重。这种威胁仍在不断蔓延,从空中的飞行器到地面电力网络,甚至地表以下的管线都有可能遭受地面感生(诱导)电流(GICs)的威胁。本章所介绍的当前全球监控与响应系统,能够消除太阳耀斑和日冕物质抛射所带来的威胁。今天,一旦出现大量太阳风暴,关闭和切断航天器电源的保护性反应系统,以及地球基站保护性设施能够帮助预防大规模能源事故的发生。例如,1989 年 3 月发生的大型日冕物质抛射事件(图6.1)。

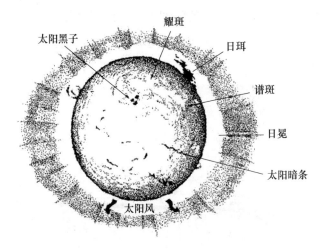

图 6.1　太阳日冕活动对卫星和地球的威胁

(图片来源:NASA)

日冕物质抛射和非常恶劣的空间天气极易引起卫星失控。天基和地基太阳监控系统能够不间断监控太阳的活动,探测异常情况的爆发,保障在轨运行的卫星能够及时断电,最大限度地防止此类事件的发生。然而这种风险不仅仅存在于在轨航天器,太阳爆发活动对电力电网、计算机网络等系统能够产生严重危害。图6.2展示了美国 PJM 电网变压器于 1989 年 3 月 13 日被一次大抛射严重毁坏前后的场景对比图[23]。

日冕物质抛射能够产生地面感生(诱导)电流或地球磁场感应电流(通常可简写为 GIC)。异常剧烈的日冕物质抛射就可以在地球内部释放出大量地球磁场感应电流,深度可达 20 ~ 25km。1989年 3 月 13 日,发生了一次严重的日冕物质抛射事件。这次事件导致大量变压器失效或毁坏,如图6.2所示。1989 年 3 月发生的日冕物质抛射事件,导致从美国芝加哥到加拿大魁北克地区大规模停电。总体来说,此次事件持续时间长,上百万人受灾。一次剧烈的日冕物质抛射就会对整个纬度地区的电力网络产生影响,所产生的地面感生(诱导)电流对网络系统打击范围极为广泛,影响区

图 6.2 　1989 年由日冕物质抛射而摧毁的变压器

(图片来源:NASA 新闻网站)

域从南至北[24]。这是因为范艾伦辐射带往往将这些汹涌而来的波动向极地地区转移。强大的地面感生(诱导)电流能够穿透电网和变压器,进而摧毁它们。强大的感生电流也可能侵袭管道、无线通信网络以及其他电气设备,甚至油气生产线,影响极为严重。因此,为了保护关键基础设施或重要交通工具(如飞机、汽车)免于强大的日冕物质抛射活动的破坏,我们不仅需要将这些重要资产转入地下装置,而且还需使用绝缘涂层对它们进行密封保护。

事实上,在地球南北最高纬度地区,几乎每天都会受到由较低级别极光活动产生的地面感生(诱导)电流的影响。然而,幸运的是,范艾伦辐射带通常能够将 α 和 β 粒子、伽马射线转移到极地地区,从而保护了居住在低纬度和中纬度地区人们日常生活。总而言之,太阳和宇宙放射物对地球的辐射 24h 从未间断,这些放射物包括 α 和 β 粒子、超能 X 射线(即伽马射线),以及影响空间天气的其他因素。

为研究太阳活动规律,NASA 和 ESA 联合研制的"太阳与太阳风层探测器"(SOHO)于 1997 年发射升空。此次任务对"空间天气"的概念进行了研究,并特别关注了在"太阳活动 11 年周期"期间,剧烈的日冕物质抛射从最低强度到最高强度的规律。太阳活动异常活跃,因此对整个周期的监控尤为重要。在太阳活动最高年,每天可出现多达 3 次的日冕物质抛射活动;而在太阳活动最低年,则每 4~5 天才会出现 1 次日冕物质抛射活动。那么,这种规律是如何形成的呢?为什么从太阳活动最高年到最低年期间日冕物质抛射活动的频率相差多达 15 倍?至今仍是未解之谜[25]。

此次 SOHO 任务最初由 NASA 和 ESA 联合资助,设计寿命为 2年,后来又延长了 12 年。SOHO 的寿命从 1997 年延长至 2012 年,这样就可为整个"太阳活动 11 年周期"积累数据。虽然此次太空任务成本总计约为 15 亿美元,并由 NASA 和 ESA 两个机构共同承担,但 SOHO 任务在数据观测积累方面,却取得了丰硕的成果。

SOHO 所观测到一些关键成果包括:

● 太阳外层日冕表面的黑子结构三维图像。

● 太阳对流层的详细图像。对流层把从太阳内部核反应所产生的外流能量的一小部分变为对流能量,成为产生诸如黑子、耀斑等其他瞬变现象的动力。

● 一系列关于太阳热量测量,包括温度结构、内部自转过程、湍流和超级加热日冕区域(该区域温度可高达 $1,000,000°C$)以下的气流特性。

● "慢速"和"快速"的太阳风加速率。

● 太阳磁极"开放"区域"快速"太阳风的发展渊源和加速机制。

● 对日冕波和太阳风暴的识别。

● 空间天气预测的能力增强,以及对日冕物质抛射活动预警能力增强(达到提前 3 天预警)。

● 新型空间天气预警系统的建立[26]。

美国国家航空航天局(NASA)于 2006 年发射了 STEREO 卫星——STEREO 由两颗太阳探测卫星组成,分别位于地球绕太阳公转的轨道的前方和后方,目的是从不同角度对太阳进行立体观测,研究太阳日冕物质抛射的速度、维度和强度。这两颗太阳观测卫星被称为"日地关系天文台"(STEREO)。在 2012 年 7 月 23 日,STEREO 卫星用 X 型仪器捕获到一次速度极快的日冕物质抛射事件的图像。这次日冕物质抛射的喷发导致离子运动速度高达

3200km/s 或 1.15×10^7km/h。

　　NASA 和美国国家海洋和大气管理局(NOAA)建立一套数据系统,采用"标度盘"来显示相关"实时"测量数据。"标度盘"上将显示速度、压力密度、等离子体热度以及与太阳风和日冕物质抛射事件有关的磁场。一般来说,速度范围通常为 1~1000mile/s。然而,2012 年 7 月 23 日发生的事件显然偏离了 NOAA 网站(网站信息来源于 NASA 于 1997 年发射的"高级成分探测器"(ACE)数据)所显示的正常速度数据图表(通常每 15min 更新 1 次)。该 ACE 探测器位于拉格朗日点 L1 位置,距离地球 1.5×10^6km。卫星上携带了 6 个传感器和 3 个监控设备,可以更为广泛地搜集数据并传送到地球,能够从速度、压力、磁力、热量等方面对空间天气和日冕物质抛射事件分门别类。图 6.3 显示了地球太阳风暴效果图,图中蓝色圈由地球磁层形成。

图 6.3　太阳风暴与地球磁层相互作用艺术效果图

(图片来源:NASA)

　　现在,当我们将 SOHO 探测器、两颗 STEREO 卫星所拍摄的太阳的图像与 ACE 探测器所搜集到的数据进行对比或对照时,我们能够更好地掌握"空间天气事件"发生的原因和过程,SOHO 探测器和 STEREO 卫星从不同角度展示了日冕物质抛射三维图像(图 6.4)[27]。

图 6.4　STEREO 卫星探测到的太阳图像

(图片来源:NASA)

SOHO 探测器和两颗 STEREO 卫星联合观测能力表明,我们对太阳运行模式的了解目前已达到极高水平。太阳日冕物质抛射事件对地球的影响和作用主要取决于太阳耀斑质量及其加速度、与地球的相对位置以及地球轨道速度等多种因素。

在这个领域,尽管我们已经掌握了许多新的知识,可以更准确地预测太阳日冕物质抛射的爆发时间,但仍存在许多未知领域有待我们进一步探索。同样地,在应对太阳耀斑方面,我们的研究还有拓展的空间,为了保护卫星不受影响,可以设计性能更好的保护装置以及改善应急操作程序。太阳风暴影响卫星运行并造成卫星故障的确切原因仍是该领域一个有待探索的问题。尽管卫星运营商声称,由日冕物质抛射事件而引起的卫星故障问题并不多见。

然而统计数据表明,在过去的 20 年期间,近一半的卫星故障往往发生在"太阳活动 11 年周期"中的最大年,看起来似乎是一种巧合。

日冕物质抛射对地球大气层内人类安全的威胁,引起了人们的普遍关注。今天,对那些已经建立快速而节省燃料的极地航线的航空公司,他们已知道应对其极地航线进行相应改变。因为,当强大而剧烈的日冕物质抛射事件再次发生时,极地地区伽马射线或太阳辐射级别会相应升高。

在第七章中,我们将关注高辐射、臭氧层变异以及极地臭氧层漏洞等问题。

第七章　空间辐射、臭氧层和其他空间环境问题

> 我们的视野仅仅关注到宇宙的推力与压力。
>
> 威廉·詹姆斯

宇宙紫外线辐射问题

本章继续讨论第六章所提到的关于太阳活动事件对地球上人类危害的问题。显而易见,太阳和其他宇宙辐射会对地球上的动植物构成威胁,对宇航员来说,这种高能辐射尤其危险。来自太阳和宇宙其他区域的辐射线穿越宇宙,连续不断地到达地球。这些射线在直接到达地球之前被地磁场扭转方向。

紫外线和宇宙射线能量巨大、辐射强烈,尤其是高能伽马射线。如果没有地磁场分散这些射线,我们将生活在一个危机四伏的地球。此外,在高层大气中,地磁场能够阻挡氰化氢等大量有毒气体的入侵。

超能 X 射线来自太阳,穿越星际空间。这种射线在宇宙间不间断出现,太阳活动高年和 CME 活动期间会增加,这种自然现象经常出现。如果没有范艾伦辐射带、地球大气层、平流层和电离层,射线则会成为一个真正的杀手,扼杀地球上的一切生命。当我们在外太空寻找生命时,我们不仅要寻找与地球同类型、有生命之水、和地球一样温暖的类地行星,还需要这些行星能够提供人类所

需要的大气环境。

来自太阳的紫外线和 X 射线辐射,对暴露在高能有害射线下的宇航员造成严重威胁,而普通人却能够得到地球大气层的保护。与普通人相比,在国际空间站工作的宇航员受到的辐射要多得多。因此,进行辐射水平监控势在必行。鉴于太空中不断激增的高能射线,在国际空间站上建立一个防护舱板,以保护宇航员和航天员不受大量有害射线和高能抛射物质等"空间天气"的威胁。如果人类未来在月球建立基地,很有可能在月球表面之下实施建设,使得航天员避免受到有害射线及高能粒子——"空间天气"的危害。

此外,这种高能辐射也对地球上人类的生活造成危害。然而,大气层内外的范艾伦辐射带和臭氧层提供至关重要的保护,而这些臭氧层却可以使动植物免于由宇宙辐射引发的基因突变。天然臭氧层对紫外线的屏蔽有助于减少紫外线对人类和其他动物辐射的同时,也可以预防皮肤癌和基因突变的出现。值得注意的是,如果在极地地区发现的"臭氧空洞"直径面积继续扩大,那么人类和大多数动物出现基因突变与癌症的概率肯定会增加。

因此,通过对太空的深入研究,科学家发现了臭氧层漏洞。在 NOAA 发射的气象卫星上,携带了 9 个传感器,这些传感器用来探测电离层的太阳能紫外线辐射反向散射水平,并提供在海拔 9.6 ~ 48km 区域内发生的反向散射数量。这些太阳辐射传感器被称为 SBUV/1、SBUV/2,由 20 世纪 80 年代中期 NOAA 所发射的气象卫星携带[28]。今天,我们能够使用多种方式对"空间天气"进行监视,其中包括太阳能量释放对地球天气的影响。"太阳 11 年周期"能够反映太阳所释放的电磁流量水平(图 7.1)。

这些传感器(图 7.2)不仅可以验证自 1987 年以来极地地区的确

存在臭氧层漏洞,而且还证实了高纬度地区处于紫外线辐射高危区域。

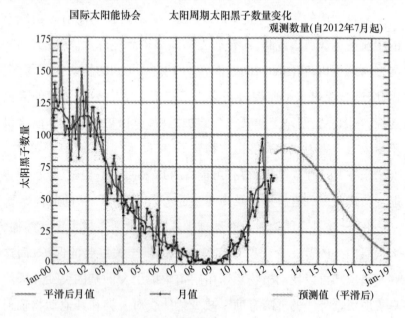

图 7.1 "太阳 11 年周期"期间 CME 活动和辐射流量水平

(图片来源:NOAA)

图 7.2 NOAA 气象卫星星载太阳反向散射紫外线辐射仪

(图片来源:NOAA)

综上所述,科学观测数据对健康和医疗领域具有指导意义。据报道,与其他地区相比,澳大利亚和新西兰最南部的居民皮肤癌发病率更高一些。在澳大利亚阿德莱德国际空间大学执教期间,我深刻体会到:在炎日的夏季,当地人如果不佩戴遮阳帽或涂抹大量防晒霜出门,在高强辐射烈日下出行则是一种冒险行为。我们发现,在极地地区,青蛙及其他两栖动物也出现越来越多的基因突变现象。

我们赖以生存的地球不仅有平流层上部的臭氧层保护,而且还有电离层以下两个范艾伦辐射带的保护,这两个高能辐射带由地球的磁气圈和臭氧层形成。如果没有这两个高能辐射带的保护,地球上生命将受到大量致命射线和等离子体的辐射,在短时间内地球可能会出现生命枯竭。图 7.3 展示了两个范艾伦辐射带图片。

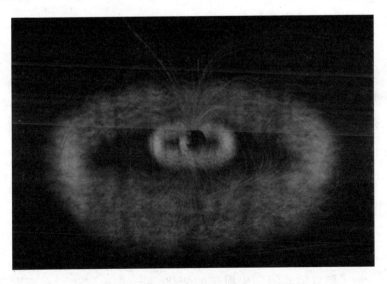

图 7.3 地球周围的内外范艾伦辐射带艺术效果图

(图片来源:NASA)

大约 50 年前,科学家通过"探险者 1 号"人造卫星所携带的"盖革计数器"发现了内部辐射带,几年之后又发现了外部辐射带。现在,仍然还有许多未知等待探索。这两个辐射带均以詹姆斯·范艾伦命名,人们目前还尚未理解它们的组成和功能。

2012 年 8 月,两个一模一样的"辐射带风暴号探测器"发射升空,该任务的根本目标是研究范艾伦辐射带如何发挥巨大作用以及与其他辐射带不同的原因。现在这两个探测器被命名为"范艾伦太阳风暴探测器",2013 年初,探测器搭载的科学仪器发现第三个辐射带短暂"出现"与"消失"。这两个探测器几乎在同一轨道运行,能够监测到辐射带上下移动范围内的变化情况。通过探测器对辐射带的监测,操作人员希望收集到两个辐射带与地球磁场如何相互影响,以及它们是如何"吸收"太阳和宇宙辐射、捕获由日冕物质抛射和太空天气变化产生的太阳能离子物质,以及如何使这些太阳能离子消失在外太空等相关数据。

范艾伦辐射带处于通量稳定状态。内辐射带大部分由高能质子组成,外辐射带则由高能电子组成。这些辐射带受空间天气的影响收缩或增长。为取得更详细的测量数据,"范艾伦太阳风暴探测器"被装载在两颗一模一样的卫星上,并设计为相同运行轨道。它们有时在大气上层空间飞快掠过,有时会飞向数千英里远的外层辐射带。其中一颗辐射带风暴探测器在重要位置监视,另一颗则在远处,正如图 7.3 展示的范艾伦辐射带风暴探测的场景。

穿越于内外范艾伦辐射带中,这两个探测器的相对距离则不断发生变化,有时在 161km 范围之内,有时距离约为 40,250km。

为了更好地监测到辐射带的变化,两个探测器运行在不同区域。一个探测器可能探测到辐射的峰值,另一个则能获取辐射带在不同位置的大量数据。

　　在一些情况下,两个探测器可能会观察到相似的变化。当一个探测器到达另一个探测器曾经到达的同一区域,则有可能探测到级别更高的辐射带数据,若有短暂延迟,却有可能获得峰值数据,这表明辐射大小在整个辐射带上呈波浪形变化。有些情况下,探测器则一无所获(图7.4)。

图7.4　两个运行在轨道上的"范艾伦辐射带风暴探测器"

(图片来源:NASA)

地球磁场影响下的"变形"

　　通常,地球磁气圈从地球的两个磁极(位于地理两极附近)向上流动导致磁场的不规则性,甚至"变形"。这时,在地球的通量系统中,常常会出现磁场波动而导致地球表面遭受宇宙和太阳射线的辐射。

　　早在1961年,英国科学家詹姆斯·腾格就预言:当太阳风的磁场与地球磁场方向相反时,磁场内可能存在"裂缝"现象。在这些区域,两个相互矛盾的磁场有时通过"磁场重联"方法互相连接。这一过程被称为"磁场重联"。在这一过程中,"地球表层"会形成微小的裂缝。这种情况下,大量范艾伦辐射带中的太阳风带电粒子和离子在地球磁场下方流动,不仅带来致命的辐射,而且释放氰化氢等有毒气体。

"国际日地探测卫星"(ISEE)于 1979 年首次发现这些微小的磁场"裂缝"。从那时起,人们开始致力于研究如何解除"裂缝"对地球的严峻威胁[29]。

由 NASA 和 ESA 联合资助的"磁层顶到极光地球探测成像卫星"(IMAGE)发射升空,主要任务是对这些"裂缝"进行监控,以测定地球磁场可能会因为这些"裂缝"大小而减弱或增加危险。IMAGE 卫星在轨成像图片如图 7.5 所示,展示了其中一个地球磁场"裂缝"。

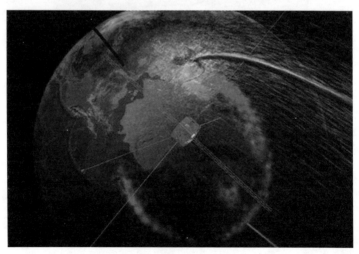

图 7.5　IMAGE 卫星在轨艺术效果图

(图片来源:NASA)

如果地球磁场作用消弱或磁极从南北相互转换,那么地球上的人类和动植物暴露在高能电子、离子粒子以及致命毒气之中的危险将越来越大,这些致命的射线和毒气来自内范艾伦区域[29]。

2011年初的几天内,在美国阿肯色州和新奥尔良州、意大利、新西兰和日本等多个国家和地区,发生了大批鸟儿离奇死亡的"神秘事件"。对这些动物死亡的原因尚无明确说法,但一位俄罗斯科学家对此发表的学说,得到了大家的认可。他认为一种致命的氰化氢气体云在地球磁气圈海拔约81km高度的地球"裂缝"处泄漏。该学说认为:大量氰化氢气体泄漏到大气层较低的高度,是导致很多鸟类在同一时间大量死亡的原因。与此同时,许多鱼儿也遭遇了死亡。该学说还认为:氰化氢气体云如同氢氰化物毒雨一般倾注而下,致命的毒气足以使这些淡水鱼死亡[30]。

第八章　近地天体、彗星、小行星、火流星和流星

科学界对"大规模物种灭绝"的定义是造成超过30%的地球物种消亡的物种灭绝事件。过去几十亿年间，大规模物种灭绝事件已经发生过5次，人们普遍认为其中最近一次的大规模物种灭绝事件是由小行星撞击引起的。始作俑者——这颗小行星体积巨大，据推算其直径可能约为10km。它撞击地球时产生的冲击力相当于60亿余颗广岛原子弹的爆炸力之和，这力量等同于地球上的每一个人都遭遇一颗广岛原子弹爆炸。撞击后，小行星给地球留下了一个直径约为100km的陨坑，如图8.1所示。与此同时，还产生了相当于太阳表层温度的巨大热量，这种灼热和冲击波迅速将周围大范围的所有生物一概摧毁。然而，这还只是第一阶段。撞击还引起了800km/h的飓风和肆虐的森林大火。

将地球上70%的动植物摧毁的终极杀手是致命的碎片云。这些富含铱元素的碎片云将太阳光屏蔽在外太空，时间长达数月。阳光匮乏成为所有致命因素中的头号杀手。撞击虽在瞬间完成，

可它却不仅结束了恐龙时代,还几乎使所有地球物种濒于灭绝。在墨西哥和加勒比海区域形成的撞击陨坑至今可见,活生生的证据提醒我们悲剧可能再次发生,小行星或彗星撞击可不是科幻小说和电影剧本的情节,这是实实在在的现实威胁[31]。

图 8.1 摧毁 70% 物种的小行星撞击留下的陨坑

如果 K–T 事件发生在今天,它对建筑物、农田、大坝、能源、信息网络等的破坏将更为巨大。人类极有可能迅速退回到石器时代,撞击最初产生的热量和能量就会导致大量植物、家畜、野生动物和人类死亡,然而后续的暗无天日还将把地球上的绝大多数生物一一推向死亡。经济损失将达到 10^{15} 美元级别。当然,随着死亡的蔓延,钱将变得没有意义,因为生存远比财富更为重要。如果 K–T 事件重演,地球将万劫不复。因此,竭尽全力探明此类威胁并采取措施以防止此类恶性事件再次发生势在必行。

到目前为止,对于直径大于 1000m 的小行星,其中大约 90% 已被人类探明,然而对于直径在 100~1000m 的小行星,人类只探明了其中的 20%。从危险性上来说,后者的体积仍然巨大。例如,目前已探明一颗名为阿波菲斯(Apophis)的近地小行星,它的直径只有 300m,可就是比它还小的小行星成为引发 K-T 灭绝的罪魁祸首。如果 Apophis 以 64,000km/h 的速度撞击地球,将对地球造成实质性伤害。美国宇航局的计算表明,其撞击力相当于 3 万颗原子弹爆炸力的总和。如果这个巨大的火球击中了美国东海岸附近的大西洋海域,随之而来的海啸将淹没波士顿、纽约、华盛顿、迈阿密和其他所有沿海城市、城镇和乡村。这还只是最初的灾害,后续可能会有数十亿人濒于死亡,而地球将长达数月被笼罩在尘埃之中。最近,一颗重约 1 万 t、体积相当于一艘航空母舰的流星在俄罗斯西伯利亚地区爆炸,产生的巨大冲击力使数以千计的人受伤,数以万计的车辆、房屋和建筑物损坏。当然,危险的小行星仍在外太空,但举这个例子是要向那些对危险不以为然的人们敲响警钟。

路上的行人不会考虑到来自行星和彗星的危险,但是在NASA、ESA 和 JAXA 从事空间科学的科学家则必须考虑此事。2009 年 12 月中旬 NASA 发射了 WISE 望远镜卫星,望远镜沿途记录着途经的近地行星。从发射日至 2011 年 2 月 17 日关机,这台广域红外太空探测器已经系统地扫描并收集了数以百万计的图像,对地球上空的天体目标进行了编目。WISE 望远镜的红外敏感器搜集了 180 万张图片,科学家们在其中发现了过去从未观测到的 19 颗彗星,以及未来可能对地球造成巨大威胁的33500 颗小行星和新发现 120 颗近地天体(NEO)。探测器的红外传感器可以探测到可见光之外的放射线，因此，可以探测到低热量的矮行星和其他由于暗物质以及尘云层而造成不可见的目标。

这项耗资 2.5 亿美元的研究项目取得了成功，探测器超预期服役，人们巧妙地将 4 个红外传感器操作降低至两个，探测器 10 个月的预期寿命得以延长，直至红外传感器的冷却剂耗尽才为任务画上了句号。冷却剂消耗殆尽后，名为 NEO - WISE 的延伸项目又进行了 3 个月直到 2011 年 2 月结束。在 NEO - WISE 项目阶段，探测器专注于寻找近地天体。但寻找近地天体的任务并未完成，还留待以后继续进行。

目前由于冷却剂耗尽，这颗航天探测器处于休眠状态。想要继续完成危险小行星和彗星的编目工作，我们需要新的空间望远镜，它应具备调节视距的能力、更多的 IR 传感器以及充足的冷却剂。许多人可能会问："花这么多钱寻找一颗也许很多年后才有可能产生危害的小行星真的有必要吗？"这里正巧有个很好答案可以回答这个问题。

WISE 望远镜于 2011 年 1 月探测到小行星 2011 AG5，经初步分析，2040 年这颗小行星极有可能与地球相撞。深入分析后，可以确定若发生因太阳和行星间引力相互作用产生的所谓"锁眼"效应，则极有可能无法避免发生碰撞。而"锁眼"引力效应也会导致行星进入地球的共振轨道，如果这一切发生，那么 2040 年这颗小行星有 15% 的可能将与地球发生恐怖的相撞。目前的问题是，这颗潜在危险小行星（PHA）位于太阳的背面，到 2013—2014 年间才能做出精确的计算。图 8.2 展示了"锁眼"效应及其引发碰撞的原理。

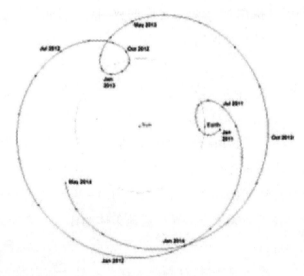

图 8.2　小行星 2011 AG5 未来潜在的危险路径

小行星转移

　　如果由于"锁眼"效应,小行星 2011AG5 沿着错误的路线前进,最后像许多原子弹爆炸那样撞击地球,人们该怎么办呢? 欧盟启动了一项多国合作的研究项目,致力于研究改变"致命小行星"轨道的策略和方法。

杜林危险指数

　　目前主要在三个方向上进行研究:利用万有引力使小行星改变方向、"轰炸"小行星使其消失、利用导弹打击小行星。该研究项目命名为近地天体之盾(NEOShield),为期 4 年,目前的问题在于研究资金只有 400 万欧元,严重不足。比起在国防上和医学研究上动辄花费数十亿欧元,该项目的资助资金显然不足,至少还需要投入 10 倍以上的资金,项目研究才能见到成效。

地球上空每年都会发生几十次流星雨,因为太阳轨道上有成千上万的小流星,而更大的流星被称为火流星,再大一些的天体则被称为小行星。这其中最值得关注的是距离地球 8×10^6 km 以内的大型近地小行星,尤其是潜在危险小行星。这些小行星的典型轨道及其与地球轨道相交图如图 8.3 所示。

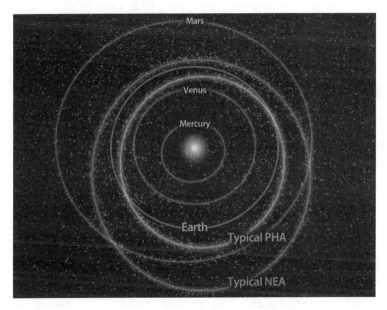

图 8.3 近地小行星和潜在危险小行星的轨道

由于 K - T 大灭绝发生在 6500 万年,因此类似事件的再次发生可能离我们还比较遥远。然而据估计,约 10% 的大型潜在危险小行星和约 80% 的直径在 100 ~ 1000m 之间的潜在危险小行星,还有待探明。这些估计是在 NEO - WISE 项目的研究和计算基础上得出的,而它仅仅只对一部分天空进行了观测。天文学家对这些潜在的危险非常重视,他们制作了图 8.4 中列出的危险指数[32]。

21 世纪小行星和彗星的威胁影响评估

无风险 (白色区域)	0	天体撞击地球的可能性为零或实际碰撞效果相当于零。适用于在撞击地球前在大气中烧毁的小型天体(如流星、火流星)和几乎不造成损害的陨星。
正常 (绿色区域)	1	天体掠过地球,预测其不会对地球构成意外的危险。通过计算可知,天体撞击地球的可能性极低,不需要引起公众注意和关注。在绝大数情况下,进一步的望远镜观测会使危险指数重新评级为 0 级。
需要天文学家注意 (黄色区域)	2	天体接近地球(随着进一步的搜寻,类似的发现将越来越多),但并非异常地过于接近。虽然需要引起天文学家的注意,但由于天体撞击地球的可能性非常低,因此并不需要引起公众注意和关注。在绝大数情况下,进一步的望远镜观测会使危险指数重新评级为 0 级。
	3	天体接近地球,需要引起天文学家的注意。计算显示存在 1% 或以上的可能性发生碰撞,并可造成小范围的灾害。在绝大数情况下,进一步的望远镜观测会使危险指数重新评级为 0 级。如果天体在 10 年内接近地球,应引起公众和有关部门的注意与关注。
	4	发现天体接近地球,需要引起天文学家的注意。计算显示存在 1% 或以上的可能性发生碰撞,并造成区域性的灾害。在绝大数情况下,进一步的望远镜观测会使危险指数重新评级为 0 级。如果天体将在 10 年内接近地球,应引起公众和有关部门的注意和关注。
危险 (橙色区域)	5	近地天体接近地球,可能会带来区域性的严重灾害,但未能确定是否必然发生撞击。天文学家需要极度关注,并评判是否会发生撞击。如果天体在 10 年内会撞击地球,各国政府可被授权采取紧急应对计划。
	6	大型近地天体接近地球,可能会带来全球性的严重灾难,但未能确定是否必然发生撞击。天文学家需要极度关注,并评判是否会发生撞击。如果天体在 30 年内会撞击地球,各国政府可被授权采取紧急应对计划。
	7	大型近地天体非常接近地球,可能带来前所未有全球性的可影响地球百年之久的严重灾难,但未能确定是否是必然发生撞击。如果威胁出现在未来一个世纪内,将授权国际性紧急应对计划,以便尽快确定碰撞是否会发生。

（续）

肯定发生撞击(红色区域)	8	天体撞击将会发生,若撞击发生在陆地,将会造成区域性的灾害,若撞击发生在近海岸地区,则可能会引发海啸。此类事件平均每隔50年至数千年发生1次。
	9	天体撞击将会发生,若撞击发生在陆地,将造成空前的区域性的严重灾害,若撞击发生在海域,则会引发大规模海啸。此类事件平均每隔1万~10万年发生1次。
	10	天体撞击将会发生,无论撞击发生在陆地或海域,均会造成全球性的严重灾难,引起全球气候的巨变,进而威胁现有人类文明。此类事件平均每隔10万年或以上发生1次。

图8.4 潜在危险小行星的杜林危险指数

杜林危险指数可为评估潜在小行星撞击地球的风险提供某种意义上的参考。该指数显示,尽管1~3级的碰撞事件发生相对频繁,但对整个地球造成的影响却很小。9级和10级的碰撞事件才是真正的危险事件,但其发生频率为每隔1万~10万年一次[33]。如果要给6500万年前发生的K－T大灭绝事件评级,它应该位于12级位置。

面对小行星和彗星撞击地球的威胁,随之而来的问题是:我们可以做些什么?除了探明潜在危险目标,计算可能撞击的时间,我们还能做些什么?下一章将讨论应对外太空威胁的解决方案。

第九章　应对彗星和潜在危险小行星

来自神秘而荒芜的地方……令人敬畏，超越空间、超越时间。

埃德加·艾伦·坡（1845）

胜算属于我们：除非我们算错了

大约有 4 万颗近地天体围绕着太阳公转，这是根据 WISE 探测器观测及拍摄的上万张照片得出的天空样本计算结果。

幸运的是，在这些位于距离地球 1.44×10^7 km 以内，直径大于 100 米的 4 万颗近地行星中，真正构成威胁的天体数量并不多。

但是，即使将所有像 WISE 探测器那样的地球观测航天器和科学飞行器搜集的数据全部利用起来，依然存在大量未探明的天体。简而言之，预测那些真正有可能撞击地球的小行星和彗星没有想象的那么容易。由于太阳引力的作用，体积较小的天体可能会出现图 8.2 所描绘的"锁眼"效应。类似地，由于地球引力的作用，掠过地球的潜在危险小行星也可能受到影响而发生轨道的改变，在数年后再次经过地球时增加撞击的风险。例如，在 2029 年小行星 Apophis 将与地球擦肩而过，由于引力的作用，到了 2036 年它将更加靠近地球。

尽管可能性更小,但也不排除由于月球、水星或火星引力的作用,小行星的轨道发生改变,并在数年后与地球相撞。此外,由于所谓的雅科夫斯基效应,小行星的轨道还存在进一步的不确定性。雅科夫斯基效应是由俄罗斯工程师雅可夫斯基而命名,这位工程师在 2003 年首次发现除引力以外,太阳对小行星的轨道还存在另一种影响。当小行星绕太阳公转时,太阳射线会使其温度升高,温度升高的小行星会释放辐射能量,引起自身轨道的轻微变动。虽然这种变动相当微小,但是由于会成年累月地积累,也成为轨道预报需要考虑的因素[34]。

NASA 的捍卫计划(Safeguard Program)和 ESA 的近地天体之盾项目正在研究保护地球免受潜在危险小行星或彗星袭击的策略方法。其中,一部分研究致力于分析小行星的物质成分,小行星可能由金属、花岗岩或其他质量较小更易转移的材料构成。一部分研究致力于分析小行星的形状,研究能否通过一种或几种方法使小行星更容易解体或变道。总而言之,就是通过研究小行星和彗星的形状和物质成分,寻找使其轨道改变的策略方法。

科学家们提出了许多方案,目前最为可行的四种策略如下。

(1)利用重型火箭高速撞击潜在危险小行星或彗星。该策略是可以采取的最简单同时也可能是性价比最高的方法。通过稍稍改变危险天体的质量及其引力,然后在时间的作用下,令危险天体变道。当然,也可以稍做变通,如使用两个火箭以便产生 2 倍引力的效果。这种方法成功的关键在于精确制导,火箭必须准确撞击目标并保持姿态(数月甚至数年),直至危险天体的轨道发生改变。

(2)向危险小行星和彗星发射携带充足化学燃料或电推力的火箭,利用其推力改变小行星或彗星轨道。该策略实际上是第一种策略的延伸。该策略不仅可以通过增加危险天体的质量改变其变道以外,还可以利用额外的化学燃料和电推力引擎可以提供的持续作用力,使目标进入更为安全的轨道。同时,还可利用电推进器调整火箭位置以建立火箭与目标天体的链接。比起第一种策略,这种方法对精密制导的要求更高,但效果也更好。

(3) 利用核武器使小行星和彗星变道。该策略的实施是建立在对小行星和彗星的形状和组成成分深入了解的基础之上。理想情况下,在危险天体上部署可控的爆炸性或战术性核武器,即控制危险天体沿着预期的新轨道运行,同时也避免产生可能再次威胁地球的碎片。简单粗暴地采用该方法可能会造成不可收拾的严重后果,经过精密策划后采用该方法也可带来理想的控制效果。比如一种考虑比较周密的策略是这样的,首先由机器人在预定位置引爆一枚能量较小的化学武器,然后安装在指定位置的战术性核武器完成第二次能量较大的爆炸,从而将危险天体轨道改变到预期的新轨道上。所有操作既可以由宇航员参与也可以全部由机器人完成。在最紧急和最险恶的情况下,就需要有愿意牺牲生命的志愿者去完成这个没有回程的使命。

(4) 用反射装置灼烧潜在危险小的行星和彗星的表面,利用产生的推力令目标天体变道。对该策略的可行性需要进行测试。实施该策略,在许多环节有可能出现差错,如金属反射装置的应用、反射阳光的方向(应正对潜在危险小行星或彗星表面)以及灼烧的程度(能够产生足以改变轨道方向的推力)。与此类似的另一种方法是,用地表指定位置的相控阵高功率激光灼烧目标天体。名为 DE – STAR(面向小行星的太阳能探索)的研究项目正在研究利用大型太阳能反射装置灼烧小行星,该项目同时也在研究为太阳系航天器提供动力和能量。

在空间领域特别适用"奥卡姆剃刀"定律,即在多个方案可供选择的方案中,化繁为简,选择最简单的方案。

充足时间和预先预警是上述几种可能的解决方案的基础。越早发现潜在威胁,越容易进行轨道转移。如果可以提前数年进行发现威胁并预先预警,最微小的轨道变化就可以使行星安全远离地球。相反,如果预警时间太短,将使轨道的改变变得异常艰难。未来人类将设计更多的类似 WISE 探测器飞行器,以增加对潜在威胁目标进行编目和研究的工作。

目前最大的危险是那些可以影响小行星轨道的不确定因素,它们可能会使原本看似安全的近地行星突然转变成致命天体,并且由于应对时间太短而令人类措手不及。太阳引力的"锁眼"效应对小行星 2011AG5 和 1999RQ36 的影响就是这种危险因素,可能无法留给我们充足的时间以应对突然的改变及其后续的撞击风险。我们要密切关注并深入研究这种"锁眼"效应,同时也应进一步研究雅科夫斯基效应。总而言之,人类应更好地掌握在什么条件下采用什么技术能更好地应对危险的近地天体。

第十章　关于外太空威胁的十大思考

在人烟稀少的数个世纪里，人类可以肆无忌惮地破坏地球的空气和水源，却依然能全身而退、毫发无损。无独有偶，过去几十年，我们以为即使把空间碎片随意弃置轨道，也不可能发生碰撞的危险。如今，我们终于慢慢意识到我们所犯下的错误。

保罗·S·邓普西

麦吉尔大学航空航天法学院主任

近期和长远应对太空威胁的策略

新闻媒体往往倾向于报道那些可能导致大规模死亡和破坏的巨大威胁。即将来临的大灾难能瞬间吸引公众的关注，因为人们及其亲人能切实感受到危险的存在，他们几乎来不及做最坏的打算。

这些潜在的灾难事件往往决定着预算在各类灾害预防和事后恢复中的分配。这些灾害包括人们经常谈到的火山爆发、即将登陆的5级飓风以及在金融危机中快速上升的失业率等问题。

有些威胁很难识别并提前为此做准备。显然，威胁较小且可能发生时间相对遥远的灾难，几乎不会有人关注。但随着威胁的日益临近,中期灾难明显受到公众的关注程度更高,因为这些威胁很快将成为现实。对于那些显而易见的威胁,更是如此。例如,如果预报称海啸即将席卷意大利威尼斯大运河的一家酒店,随着预报时间的临近,这会被视为最严重的事件,因为即将到来的洪水灾害是非常真实的,酒店需要数周时间才能从灾害中完全恢复、重新开放。

最难应对的威胁也许是难以理解和想象的威胁,这些威胁看似遥远,一旦发生,将会给人类未来和最终进步带来毁灭性的影响。然而,这类威胁确实存在。随着时间的推移,轨道碎片越积越多,可能威胁到未来所有科学和应用卫星的部署。失控的轨道碎片问题很快就会影响宇航员安全进入太空,影响维护国家安全的军事卫星的发射。

除了空间碎片之外,还有其他来自空间的"隐形威胁"。这些威胁可能会打乱我们的现代电子格局,使数百万计的汽车、卡车、飞机、家庭和商业电脑等的电子处理设备瘫痪。例如,超级太阳耀斑(或日冕物质抛射)、大规模的太阳宇宙射线或宇宙事件,均可能会极大地干扰地球的磁气圈。最不可能发生(在统计意义上)的宇宙事件,潜在破坏性也是最大的,如彗星或有潜在危险的小行星撞击地球,产生的能量相当于数百万颗原子弹爆炸,这将使人类文明遭受毁灭性破坏,大多数动植物也将面临灭绝。

本书旨在使读者了解这些威胁的实质、发生的可能性、应对威胁可能采取的各种措施以及未来采取的最优策略。以下是本书带给我们的一些思考。

一、解决轨道空间碎片问题,任重而道远

图 2.1 显示了轨道碎片已发生了显著的增长。虽然每年数吨

来自近地轨道(LEO)的残骸陨落,但每年发射进入地球轨道的卫星质量远远超过了离轨的碎片质量。虽然经过不断改进,消除了诸如爆炸螺栓等产生的碎片,但仍有上面级火箭发动机、卫星整流罩等留在太空成为了空间碎片。每次发射,即使基于自愿原则采取措施控制新碎片的产生,但还可能产生 10 ~ 12 个新的碎片。为更好地减少碎片的产生,对于最可能产生碎片的近地轨道和太阳同步极地轨道卫星,通常为其配备有利于主动离轨的装置或者将此类卫星送入可以较快速自然离轨的轨道高度。

但这些离轨计划并非万无一失,也会出现问题。例如,铱星的离轨就发生了此类问题。铱星官方人员表示,有关方面要求他们禁止其中一颗卫星离轨,原因是铱星的离轨可能会导致该卫星与美国国防部的一颗侦察卫星发生碰撞。

如果每次发射会产生 10 个新碎片,那么一年 100 多次发射就会产生 1000 多个新碎片,10 年就会产生 10000 多个新碎片。此外,碎片的增加还有许多其他的方式。如两个大型空间目标或者卫星与导弹的碰撞就会产生 3000 个新碎片,燃料箱的爆炸同样会产生大量的空间碎片。

空间碎片问题明显呈上升趋势。导弹击中卫星、卫星或大型火箭发动机碰撞、油箱爆炸等都是新碎片的最大来源。专家们表示,如果不采取主动清除碎片的措施,未来 10 年即使没有新发射,碎片的总数也将不断增加。

这已经不是一个单纯的碎片问题,随着空间轨道碎片的不断增加,太空的长期稳定性确实面临挑战。虽然应该主要关注近地轨道特别是太阳同步极地轨道的气象卫星和遥感卫星,但同样也应该关注其他所有轨道空间碎片的日益增加问题。随着对空间碎片关注度的不断增加,应用卫星运营商建立了空间数据协会,以寻求避免工作卫星碰撞的方法。联合国外层空间和平利用委员会(COPUOS)也成立了一个空间可持续性发展工作小组,寻求解决轨道碎片问题和其他可能会影响未来空间使用的问题。当前虽然只有 10～12 个国家可以发射航天器,但是所有国家都可以受益,用途包括通信、导航、遥感、气象、测地学、科学研究和国防。

二、没有防止空间碎片产生的国际性强制性制度和适用于空间碎片清除的国际协议

目前,已经有两个国际组织采用了自愿准则来减少新轨道碎片的产生,它们分别是 COPUOS 和机构间空间碎片协调委员会(IADC)。IADC 是一个各国空间机构联合成立的国际官方委员会,致力于减少人为和自然空间碎片的不利影响。不幸的是,由于国际协调的复杂性,从自愿减少碎片的章程出台,到获得一致同意,化费了整整 18 年。而且,这些基于自愿的章程仍然解决不了整流罩或火箭上面级的碎片问题。

对于那些发射卫星的国家,目前还没有规定他们必须承担移除空间碎片的义务。但自愿消除空间碎片的责任条约对他们确实是一个发射任务之外的约束。

有人建议各国应要求发射机构签署一项"碎片清除保证"条款,作为获得卫星发射与操作许可的条件,无论这些卫星是由本国还是国外发射机构发射。对于地球同步轨道碎片的清除,这可能意味着要将卫星放入"墓地"轨道。这样的条款将不仅应用于卫星,同时也适用于火箭的上面级和整流罩。如果由于某种原因没有完成碎片清除,可以申请保险赔偿。

另外还有人提出,所有发射机构应成立一项基金,专门用于轨

道碎片清除或减缓新碎片的形成。如果上述任意一项提议生效，那么就需要对国际太空责任条约进行修改。

三、没有经过有效检验的清除轨道碎片的试验技术或操作手段

此外，诸如此类的轨道碎片清除方法具有以下特征：(1)执行起来成本较高；(2)根据现行国际法难以实现和执行；(3)缺乏资金资助。

修改国际太空责任公约是清除各种轨道碎片需采取的必要步骤之一。但更大的挑战是研究开发可以以较低成本、可靠地将碎片从轨道尤其是近地轨道和太阳同步极地轨道移出的科学技术。本书前面已概述了清除轨道碎片的各种构想。但不幸的是，尚无一种技术或构想成熟到可用于实际的轨道碎片清除中。

如果每消除一个主要碎片都需要一次单独的发射，这样的技术实现起来显然成本很高。利用地球磁场获得电推力，以提供清除碎片的动力，这种基于动力学的电推系统构想貌似更能节省成本。同时，对碎片清除过程中产生的动量进行二次利用，进而完成碎片清理的 Slingsat(卫星投掷器)构想，貌似成本更低。

在最终证明上述构想可行之前，首先需要得到国际社会广泛认可该构想，并清除大量废弃卫星。到目前为止，还没有类似得到广泛认可的方法。

除了技术因素以外，更大的挑战在于：大多数天基碎片清除系统或地基激光脉冲被认为是"太空武器"。在这方面有一个创新的解决方案：建议有注册过发射和拥有空间碎片"所有权"的国家，可直接操作控制空间碎片清除和空间目标规避过程，以便他们可以直接监视整个碎片清除过程。

四、研究解决轨道空间碎片相关问题的新方法,包括利用地面脉冲激光避免大型空间目标碰撞、对空间碎片清除活动提供资金资助

在开发并测试出有效的碎片清除方法前,有人提出了一种过渡期间的解决方案,就是从地面直接向可能发生碰撞的卫星或其他大型空间目标的运行轨道上发射脉冲激光,以达到避免碰撞发生的目的。因为这些目标的移动速度非常快,可能达到 25000km/h,相对较小的脉冲只需稍微减慢卫星或其他空间目标的速度,就可以避免它们之间发生碰撞。问题在于如何实现地面激光系统进行精密跟踪和发射,以确保脉冲的实际执行效果,而不是脉冲发射后造成不希望的结果发生。

国际空间站和其他高价值的卫星(如侦察卫星或"间谍"卫星)等,均已采用主动规避方案。如果出现碰撞预警,可以对星上推进器或国际空间站的推进引擎进行点火,实现轨道抬升,以避免目标之间发生碰撞。利用地面激光的精密跟踪,及时调整空间目标的轨道速度,目前正在对这一构想进行测试。然而,激光脉冲是否是太空武器的问题,目前仍没有定论,有待商榷。

五、对于现代电子与电气系统而言,太阳耀斑与日冕物质抛射问题可能比想象中更加严重

有证据记载的"卡林顿事件"仍提醒着人们:非常强大的太阳能耀斑或日冕物质抛射可以击穿地球薄薄的大气保护层。当这样的离子流或高能辐射高速射向地球,范艾伦辐射带就会对极地地区产生影响,导致保护地球的大气层将会发生扭曲并扩展至地球直径的 10~20 倍。在破坏力异常强大的卡林顿事件中,大气层可能扭曲至地球直径的 30 倍,导致地球大气保护能力急剧下降,直至

地球利用自身引力将大气重新恢复到原有的状态。

　　除了 1989 年 3 月发生过相对严重的事件外,自 1859 年以来,地球实际上并没有遭受过此类真正严重事件的影响。问题是,我们无法准确知道下一次大规模的日冕物质抛射会在什么时候发生,以及这些高速且破坏力巨大的超级带电粒子流会袭击地球的什么地方。幸运的是,少量的日冕物质抛射反而给我们提供了有用的数据,如获得了在太阳活动最大年(太阳活动周期为 11 年)、日冕物质抛射最强时如何关闭卫星电源的经验。在辐射强度较大的情况下,即使在收到恶劣太空气象预警后关闭卫星电源,卫星仍然可能发生故障。

　　地球仍然面临来自日冕物质抛射的严重威胁。近年来,时有发生电力变压设备由于日冕物质抛射而导致损坏或瘫痪的问题,同时人们也越来越多地意识到:如果今天再次发生卡林顿事件,无论是空间还是地球上的计算机处理系统和电力系统都会遭到大规模的破坏,仍会因太阳辐射发生瘫痪或损毁。

　　可以采用更有效的保护策略保护太空系统。采用抗辐射电子元件和线路、高绝缘保护涂料、宽禁带开关和断路器、冗余组件甚至法拉第笼装置(静电屏蔽装置),都可以保护航天器免受日冕物质抛射影响和保护电磁脉冲(EMP)免受在轨核爆炸的影响。

　　最重要的是,当出现强大的太阳能喷射预警时,卫星要及时关闭电源。地面需要建造法拉第笼变压器,在紧急情况下可以关闭其电源,重启时配备浪涌电压保护器和重载断路开关。

　　最难解决的问题是,世界各地的汽车、飞机、电器用具使用的数百万计的数字处理器也可能会受到大规模太阳风暴的攻击。

　　应对上述威胁,需要在全新的理念模式下出台一套全球化的设计方案。这将涉及基本构架的改变,即在紧急情况下采用机械系统备份数字处理器,为我们日常生活所必需的数十亿处理器和电气系统提供支持。这种情况发生的可能性较小,除非发生巨大灾难,全球数十亿计的车辆、飞机和设备瞬间瘫痪。此外,应该建造地下车库和保护掩体,以存放国防和战略使用的飞机和车辆。

由于太阳辐射事件发生后 8 分钟内才能观测到,过去我们在灾难发生前 1 天到一天半才能收到预警。这些高能带电粒子以 640 万 km/h 的速度到达地球,将需要约 22h。然而根据 ACE、SOHO 和 STEREO 卫星提供的最新预报信息,现在我们可以把重大日冕物质抛射事件的预警时间提前到 3 天。

如何说服公众尤其是关键政府部门,提前为百年一遇的超级太阳能风暴做准备,仍然是一个问题。如果世界上所有的电网、汽车、飞机、计算机和电子设备突然关闭,世界将会在几小时内便退回到石器时代。

为了避免上述情形发生,需要采取一些切实的措施。首先,全世界应该共同努力,将地面上所有的太阳监测系统和用于太阳监测的卫星系统紧密关联,以建成全球性的预警系统。其次,探索是否有足够的"抗太阳耀斑"的建筑或地下设施,至少可以保护关键的飞机、汽车、电信交换机或电网变压器。系统地建造地面变压器法拉第笼以保护基础设施。最后,国家立法机构应该行动起来,为国家电网、通信网络和其他重点基础设施制定安全防护标准。

在强制立法方面(或者是商业开发安全防护标准),应该有针对关键电路通断的附加条款。应该有紧急预警系统,在发生超级太阳能耀斑辐射的情况下允许电力系统断电。未来建造的汽车或飞机不可能没有处理器,但也许可以制定安全标准,使其受到更好的保护。消费者至少可以有权选择安全防护级别较高的运输工具，飞机制造商也需提高其产品的安全防护水平。

六、我们需要更多了解辐射的危害，尤其在臭氧保护层日益缩减的时代

高能日冕物质抛射甚至轨道核爆炸，均能造成电磁脉冲上升，给航天器和地面电网、通信网络甚至管道线路带来危害，同时还有来自太阳和宇宙的其他严重威胁。例如，来自太阳和宇宙的 X/伽马射线将形成强大的冲击力。范艾伦辐射带和臭氧层可以屏蔽掉大部分辐射，但阻挡不了高能量辐射。紫外线穿过极地地区的臭氧层空洞，带来严重的癌症甚至基因突变的危险。

伽玛射线和高能 X 射线使高纬度国家人群的皮肤癌患病概率增加，同时也会导致两栖类生物的基因突变。目前面临这些风险的主要集中在生活水平相对较低的人群。但有人担心，如果臭氧层空洞继续扩大，这些风险可能会蔓延至更大的地理区域。虽然癌症看似是最大的威胁，但日益扩展的基因突变对整个人类物种的生存带来的潜在威胁才是最大的风险。

七、近地天体带来潜在的威胁，大型天体与地球相撞可能会导致人类和地球上多数动植物灭绝

6500 万年对于仅存在了几百万年的物种来说看似是一段漫长的时期，当年的 K－T 大灭绝事件夺去了地球上 65%～70% 的生命。同样，如果今天地球受到与当年相仿行星的撞击，那么地球将会退回到石器时代，数十亿人将失去生命。这并不是暗示人类应该生活在一个可能发生的事件带来的恐惧中，毕竟这样的事件可能永远不会发生，或者将来数百万年后才会发生。

太阳日冕物质抛射、太阳高能粒子或宇宙辐射问题实际上不

可能在短期内发生,但其破坏性无疑相当巨大。例如,卡林顿事件发生在 150 年前,而 K－T 事件更发生在 6500 万年前。不过,我们显然可以采取大量合理的应对措施。

首先,采用更清晰、更明确的方式与公众沟通,让他们了解来自有潜在危险的小行星或其他星体的威胁。国际统一太空协会采用的杜林危险指数将威胁分为 1～10 级,公众容易理解这样的威胁等级划分,且能在危险即将发生时做出恰当的反应。我们希望的是能将大多数有潜在危险的威胁等级控制在 3 以内,而且能对此进行恰当地监测。我们需要的是更多的公共教育,让大家包括学校的孩子们知道未来可能存在的威胁,让他们不仅要知道里氏震级或飓风和龙卷风的相对大小,同时也要了解杜林危险指数。

其次,完善从地面、太空感知卫星和近地天体观测到的天文数据。WISE(广域红外空间探测器)虽然提供了很多有价值的观测信息,但需要做的工作还很多,以便对所有潜在风险进行归纳分类。当然,我们比恐龙要聪明得多,在未来数年可以支配必要的资源并分配适度的太空研究预算来完善相关资料库。

最后,研究更好的策略,通过改变具有潜在威胁的近地天体的轨道,以避免其与地球发生碰撞,并确保此次变轨操作不会给带来其他安全隐患。

八、为了更好识别潜在的近地危险首要采取的措施

显然,首要任务是识别直径超过 1000m 的近地天体,目前该项工作已经基本完成。据我们所知,这种大小的近地天体即使发生碰撞,也会是在未来数百年后才可能发生。但我们更应该关注直径在 100～1000m 范围内的近地天体。因为据推测,我们已观测到的直径为 100～1000m 的近地天体,只占其总数的 20%,因此,我们

需要对这些天体进行更系统的观测。

广域红外空间探测器(WISE)虽然是设计用于通过红外信号探测更遥远的宇宙天体,但通过WISE的感知能力,已获得了大量近地天体的观测数据。不幸的是,WISE卫星由于功能异常,已经停止工作。为了完善这些较小的近地天体的观测数据,我们需要一颗类似WISE的分辨率更高的卫星。该卫星能根据指令将探测范围由广域转为窄域,并专门用于具有潜在危险小行星的探测。

显然,较大的小行星(如那些直径超过1000m的小行星)会造成更大的破坏。但即使直径为250～600m的潜在危险小行星(如阿波菲斯,Apophis)撞击地球,也会产生相当于成千上万颗原子弹爆炸产生的威力。总之,近地太空中还有很多更小的具有潜在危险的小行星,其中大约有80%仍未被发现。哪怕是只有一个这样的天体撞击地球,也会造成巨大的破坏。

最后,我们不仅要了解这些天体的轨道,还要知道它们的形状和组成成分,以便在必要时,对其进行变轨控制,以避免其与地球相撞。

九、探索消除小行星和其他危险天体潜在威胁的最佳应对策略

目前正在展开消除小行星潜在威胁的相关研究和项目。主要研究方向可以分为以下几个方面:

(1)寻找那些有潜在危险的、最有可能与地球轨道相交的小行星和彗星。这不仅包括那些直径大于1000m的潜在危险小行星,还包括那些直径为100～1000m的近地天体,这些较小的天体中有80%尚未被确认。NEO－WISE项目已经取得了许多成果,但是完成该任务还需要发展新的太空能力。

（2）探索用于潜在危险小行星轨道转移的既有效又节省成本的最优策略，避免其与地球相撞。地球卫士（Earth Guard）、NEOShield等项目通常会被提上议程，但缺乏实际的资金资助。尽早认识到威胁是关键，因为补救措施越快实施越有效。

（3）应加强公共教育，同时也要加强对立法者和政府官员的宣传，帮助他们更好地了解近地天体所带来威胁的不同等级。

十、建立应对人造或宇宙天体威胁的整套策略

要应对太空威胁，关键是应发起国际倡议，整合全球空间机构的所有资源。空间碎片协调委员会（IADC）、联合国外层空间和平利用委员会（COPUOS）和空间数据协会（SDA），在这方面已经取得了良好进展，但这些机构的工作重点主要集中在应对太空碎片和利用核能源发射的问题上。应对人造或宇宙天体威胁需要扩展为COPUOS"太空长期可持续性发展"新举措的一部分[35]。我们应该制定一项明确的全球性计划，以应对有潜在危险的近地天体撞击地球和地球的地磁屏蔽保护层破裂等问题，保护地球不受太阳辐射、日冕物质抛射和太阳高能粒子辐射的影响。"我们应当向全世界发起倡议：打一场漂亮的地球保护战，保护人类免遭灭绝，用实际行动证明我们比恐龙聪明得多！"

缩略语和主要术语

ACE	高级成分探测器，NASA 的太阳风研究卫星
AI	人工智能
AGI	分析图形公司（AGI 公司）
Bolite	大型陨石（法语）
CME	日冕物质抛射
CNES	法国国家空间研究中心，法国航天局
CNSA	中国航天局
COPUOS	外层空间和平利用委员会
CSA	加拿大航天局
DLR	德国空间中心
ESA	欧洲空间局
EDDE	电动力碎片清除
GEO	地球同步轨道
GBL	地基激光
IAASS	国际空间安全推进协会
IADC	空间碎片协调委员会
INREMSAT	国际卫星移除维护和服务组织，拟议中的国际组织
ISRO	印度空间研究组织
ISSF	国际空间安全基金会
JAXA	日本宇宙航空开发机构

LEO	低轨轨道
MEO	中高轨轨道
NASA	美国国家航空航天局
NEA	近地小行星
NEO	近地天体
NOAA	美国国家海洋大气管理局
NSAU	乌克兰航天局
ROSCOSMOS	俄罗斯联邦航天局
PHA	潜在危险小行星
SBUV Radiometer	太阳能后向散射紫外探测仪,NOAA 卫星空间天气传感仪器
SDA	卫星数据协会
SEP	太阳能粒子
SOHO	太阳与太阳风层天文观测卫星,NASA 与 ESA 合作开展的太阳观测卫星
SSS	空间监视系统
USAF	美国空军
WISE	广域红外空间探测器

参 考 文 献

[1] K – T event. Jet Propulsion Lab. http://www2. jpl. nasa. gov/sl9/back3. html.

[2] Launch of Sputnik on Oct 4, 1987. www. history. nasa. gov/sputnik/.

[3] Logsdon, John. 2010. *John F. Kennedy and the race to the moon.* New York: Palgrave – Mac-Millan.

[4] Goddard Robert. The moon man. http://www. legacy. com/ns/news – story. aspx? t = robert-goddard – the – moon – man&id = 279.

[5] Space. com Staff Report. 2012. New debris – tracking ' space fence ' passes key test. Space. com. http://www. space. com/14867 – space – fence – orbital – debris. html. Accessed 12 March 2012.

[6] Moskowitz, Clara. 2011. Space junk problem is more threatening than ever, Report Warns. Space News. http://www. space. com/12801 – space – junk – threat – orbital – debris – report. html. Accessed 1 Sep 2011.

[7] The Looming Space Junk Crisis: It ' s Time to Take Out the Trash *Wired Magazine.* www. wired. com/magazine/2010/05/ff_space_junk/all/1. Accessed 24 May 2010.

[8] Op cit, Clara Moskowitz, "Space Junk…. "

[9] Liou, J – C. , and N. L. Johnson. 2006. Risk in space from orbital debris. *Science* 311: 340 – 341.

[10] NASA site on Near Earth Objects. http://neo. jpl. nasa. gov.

[11] Solar Cycle Progression and Prediction. NOAA. http://www. swpc. noaa. gov/SolarCycle/

[12] New Debris – Tracing ' Space – Fence ' Passes Key Test. http://www. space. com/14867 – spacefence – orbital – debris. html. Accessed 12 March 2012.

[13] Space Fence Mark II: Prototype S – Band Radar Track Space Debris: http://www. gizmag. com/space – fence – radar – detects – debris/21779/.

[14] Pelton, Joseph N. 2012. A fund for global debris removal. As presented at the International

Association for the Advancement of Space Safety (IAASS) Conference in Versailles, France, Nov 2011 and International Space University Symposium on Space Debris, March 2012.

[15] Tomasso Sgobba. IAASS Study on Space Debris Remediation: An Operational and Regulatory Framework for Assured Debris Removal. Nov 2011.

[16] The Inter – Agency Space Debris Coordinating Committee. http://www. iadc – online. org/index. cgi.

[17] IADC Space Debris Mitigation Guidelines. http://www. iadc – online. org/index. cgi? item = docs_pub.

[18] Space Data Association. http://www. space – data. org/sda/about/members/.

[19] Pearson, Jerome, Eugene, Levin, and Joseph Carroll. 2011. Commercial space debris removal. *Space Safety Magazine* (1): 21 – 22.

[20] Proceedings of the International Interdisciplinary Congress on Space Debris, May 7 – 9, 2009 http://www. mcgill. ca/channels/events/item/? item_id = 104375 also see David Kushner. 2010. The future of space: orbital cleanup of cluttered space. *Popular science* Aug 2010, 60 – 64 and see: Joseph N. Pelton. 2012. The problem of space debris. *The Fundamentals of Satellite Communications.* 29 – 33. New York: Springer Press.

[21] Russia to Spend $ 2 Billion For Space Clean Up. Space Daily. 2010. http://www. spacedaily. com/reports/Russia. Accessed 10 Nov 2010.

[22] Bombardelli, Claudio et al. Dynamics of ion – beam propelled space debris. http://web. fmetsia. upm. es/ep2/docs/publicaciones/ahed11a. pdf.

[23] A Super Solar Flare. NASA science news. http://science. nasa. gov/science – news/science – at – nasa/2008/06may_carringtonflare/.

[24] Hadhazy, Adam. 2009. A scary 13th: 20 years ago earth was blasted with a massive plume of solar plasma. Scientific America. http://www. scientificamerican. com/article. cfm? id = geomagnetic – storm – march – 13 – 1989 – extreme – space – weather. Accessed 13 March 2009.

[25] Fox, Nicky. 2011. Coronal mass ejection. Goddard Space Flight Center, NASA. http://wwwistp. gsfc. nasa. gov/istp/nicky/cme – chase. html. Accessed 6 April 2011.

[26] NASA – SOHO. www. nasa. gov/mission_pages/soho/.

[27] NASA Stereo Satellite to Study Solar CMEs in Three Dimensions. http://www. nasa. gov/mission_pages/stereo/.

[28] The Solar Backscatter Ultra – Violet Sensor on NOAA Satellites (SBUV/2). http://www.ballaerospace.com/page.jsp? page=93.

[29] The Earth's Magnetosphere Shield. http://science.nasa.gov/science – news/science – at – nasa/2003/03dec_magneticcracks/.

[30] Adams, Mike. 2011. Earth's magnetic pole shift unleashing poisonous space clouds lined to mysterious bird deaths. Natural News. http://www.naturalnews.com/030996_bird_deaths_pole_shift.html. Accessed 13 Jan 2011.

[31] Stewart, Iain, and John, Lynch. 2007. *Earth: The biography*, 57 – 63, Washington, D. C. : National Geographic Society.

[32] Morrison, D., C. R. Chapman, D. Steel, and R. P. Binzel. 2004. Impacts and the public: Communicating the nature of the impact hazard. In *Mitigation of hazardous comets and asteroids*, ed. M. J. S. Belton, T. H. Morgan, N. H. Samarasinha and D. K. Yeomans. Cambridge: Cambridge University Press, 2004. This version reflects a revision of the Torino Scale. Also see. http://neo.jpl.nasa.gov/images/torino_scale.jpg for more details.

[33] Pelton, Joseph N. 2012. Taking potentially hazardous asteroids (PHAs) seriously—making the public aware. Space Safety Magazine, Fall 2012.

[34] Firth, Naill. 2010. Massive asteroid could hit earth in 2182. Warn Scientists. http://www.dailymail.co.uk/sciencetech/article – 1298285/Massive – asteroid – hit – Earth – 2182 – warn – scientists.html. Accessed 28 July 2010.

[35] U. N. Committee on the Peaceful Uses of Outer Space. Draft Report of the Working Group on the Long Term Sustainability of Space. http://www.oosa.unvienna.org/oosa/COPUOS/ac105l.html.

关 于 作 者

约瑟夫·N·佩尔顿博士:佩尔顿咨询国际主席,国际空间安全基金会前主席,国际空间安全推进协会(IAASS)执行委员会成员兼学术委员会主席。佩尔顿博士还是国际空间大学前主任,乔治华盛顿大学空间与先进通信研究所(SACRI)名誉主任。1998—2004年,担任乔治华盛顿大学通信与计算机速成研究生项目主任。1988—1997年,担任科罗拉多大学跨学科通信项目主管,该项目是当时美国最大的研究生项目。佩尔顿博士之前曾在Intelsat和Comsat等公司担任多种职务,包括Intelsat公司SHARE项目主管和战略政策部部长等职,SHARE项目促进了中国中央广播电视大学的创立与发展。

佩尔顿博士是亚瑟·C·克拉克基金会的发起人,并担任基金会理事会副主席。佩尔顿博士一直活跃于弗吉尼亚州阿灵顿社区,多年来一直担任阿灵顿郡市政协会主席,作为长远规划委员会成员,极力倡导阿灵顿"智慧增长"发展理念。佩尔顿博士现在是阿灵顿郡IT咨询委员会主席、市政协会环境委员会主席。

佩尔顿博士著作颇丰,先后撰写、合著或合编各类作品35部。

其中 Global Talk 曾获颁尤金·艾米文学奖,并获得普利策奖提名。与人合著的 Future Cities(2009)、The Safety City(2013)等著作关注宽带通信环境下的城市安全、市民需求、教育医疗服务等领域。佩尔顿博士的多数著作涉及空间、卫星通信和未来技术对社会的影响。佩尔顿博士是世界未来学会的顾问理事会成员,经常作为未来学家著述演说。

佩尔顿博士是国际宇航学会(IAA)会员、美国宇航学会(AIAA)Associate Fellow、国际空间安全推进协会(IAASS)会员,曾担任国际卫星专业人员协会(SSPI)创始主席,是 SSPI 名人堂成员。2005 年佩尔顿博士因其在教育领域的卓越贡献,荣获 ISCe 奖和年度国际通信协会(ICA)奖。过去两年来,佩尔顿博士担任 Comsat 员工和退休人员协会主席。

佩尔顿博士先后取得塔尔萨大学理学学士、纽约大学理学硕士和乔治城大学博士学位。